초등 **3-2**

ㅂIㅇㅏ에ㄷ
ViaEducation

먼저 읽어 보고 다양한 의견을 준 학생들 덕분에 『수학의 미래』가 세상에 나올 수 있었습니다.

강소을	서울공진초등학교	김대현	광명가림초등학교	김동혁	김포금빛초등학교
김지성	서울이수초등학교	김채윤	서울당산초등학교	김하율	김포금빛초등학교
박진서	서울북가좌초등학교	변예림	서울신용산초등학교	성민준	서울이수초등학교
심재민	서울하늘숲초등학교	오 현	서울청덕초등학교	유하영	일산 홈스쿨링
윤소윤	서울갈산초등학교	이보림	김포가현초등학교	이서현	서울경동초등학교
이소은	서울서강초등학교	이윤건	서울신도초등학교	이준석	서울이수초등학교
이하은	서울신용산초등학교	이호림	김포가현초등학교	장윤서	서울신용산초등학교
장윤수	서울보광초등학교	정초비	안양희성초등학교	천강혁	서울이수초등학교
최유현	고양동산초등학교	한보윤	서울신용산초등학교	한소윤	서울서강초등학교
황서영	서울대명초등학교				

그 밖에 서울금산초등학교, 서울남산초등학교, 서울대광초등학교, 서울덕암초등학교,
서울목원초등학교, 서울서강초등학교, 서울은천초등학교, 서울자양초등학교,
세종온빛초등학교, 인천계양초등학교 학생 여러분께 감사드립니다.

1 '수학의 시대'에 필요한 진짜 수학

여러분은 새로운 시대에 살고 있습니다. 인류의 삶 전반에 큰 변화를 가져올 '제4차 산업혁명'의 시대 말입니다. 새로운 시대에는 시험 문제로만 만났던 '수학'이 우리 일상의 중심이 될 것입니다. 영국 총리 직속 연구위원회는 "수학이 인공 지능, 첨단 의학, 스마트 시티, 자율 주행 자동차, 항공 우주 등 제4차 산업혁명의 심장이 되었다. 21세기 산업은 수학이 좌우할 것"이라는 내용의 보고서를 발표하기도 했습니다. 여기서 말하는 '수학'은 주어진 문제를 풀고 답을 내는 수동적인 '수학'이 아닙니다. 이런 역할은 기계나 인공 지능이 더 잘합니다. 제4차 산업혁명에서 중요하게 말하는 수학은 일상에서 발생하는 여러 사건과 상황을 수학적으로 사고하고 수학 문제로 바꾸어 해결할 수 있는 능력, 즉 일상의 언어를 수학의 언어로 전환하는 능력입니다. 주어진 문제를 푸는 수동적 역할에서 벗어나 지식의 소유자, 능동적 발견자가 되어야 합니다.

『수학의 미래』는 미래에 필요한 수학적인 능력을 키워 줄 것입니다. 하나뿐인 정답을 찾는 것이 아니라 문제를 해결하는 다양한 생각을 끌어내고 새로운 문제를 만들 수 있는 능력을 말합니다. 물론 새 교육과정과 핵심 역량도 충실히 반영되어 있습니다.

2 학생의 자존감 향상과 성장을 돕는 책

수학 때문에 마음에 상처를 받은 경험이 누구에게나 있을 것입니다. 시험 성적에 자존심이 상하고, 너무 많은 훈련에 지치기도 하고, 하고 싶은 일이나 갖고 싶은 직업이 있는데 수학 점수가 가로막는 것 같아 수학이 미워지고 자신감을 잃기도 합니다.

이런 수학이 좋아지는 최고의 방법은 수학 개념을 연결하는 경험을 해 보는 것입니다. 개념과 개념을 연결하는 방법을 터득하는 순간 수학은 놀랄 만큼 재미있어집니다. 개념을 연결하지 않고 따로따로 공부하면 공부할 양이 많게 느껴지지만 새로운 개념을 이전 개념에 차근차근 연결해 나가면 머릿속에서 개념이 오히려 압축되는 것을 느낄 수 있습니다.

이전 개념과 연결하는 비결은 수학 개념을 친구나 부모님에게 설명하고 표현하는 것입니다. 이 과정을 통해 여러분 내면에 수학 개념이 차곡차곡 축적됩니다. 탄탄하게 개념을 쌓았으므로 어떤 문제 앞에서도 당황하지 않고 해결할 수 있는 자신감이 생깁니다.

『수학의 미래』는 수학 개념을 외우고 문제를 푸는 단순한 학습서가 아닙니다. 여러분은 여기서 새로운 수학 개념을 발견하고 연결하는 주인공 역할을 해야 합니다. 그렇게 발견한 수학 개념을 주변 사람들에게나 자신에게 항상 소리 내어 설명할 수 있어야 합니다. 설명하는 표현학습을 통해 수학 지식은 선생님의 것이나 교과서 속에 있는 것이 아니라 여러분의 것이 됩니다. 자신의 것으로 소화하게 된다는 말이지요. 『수학의 미래』는 여러분이 수학적 역량을 키워 사회에 공헌할 수 있는 인격체로 성장할 수 있게 도와줄 것입니다.

3 스스로 수학을 발견하는 기쁨

수학 개념은 처음 공부할 때가 가장 중요합니다. 처음부터 남에게 배운 것은 자기 것으로 소화하기가 어렵습니다. 아직 소화하지도 못했는데 문제를 풀려 들면 공식을 억지로 암기할 수밖에 없습니다. 좋은 결과를 기대할 수 없지요.

『수학의 미래』는 누가 가르치는 책이 아닙니다. 자기 주도적으로 학습해야만 이 책의 목적을 달성할 수 있습니다. 전문가에게 빨리 배우는 것보다 조금은 미숙하고 늦더라도 혼자 힘으로 천천히 소화해 가는 것이 결과적으로는 더 빠릅니다. 친구와 함께할 수 있다면 더욱 좋고요.

『수학의 미래』는 예습용입니다. 학교 공부보다 2주 정도 먼저 이 책을 펼치고 스스로 할 수 있는 데까지 해냅니다. 너무 일찍 예습을 하면 실제로 배울 때는 기억이 사라져 별 효과가 없는 경우가 많습니다. 2주 정도의 기간을 가지고 한 단원을 천천히 예습할 때 가장 효과가 큽니다. 그리고 부족한 부분은 학교에서 배우며 보완합니다. 이 책을 가지고 예습하다 보면 의문점도 많이 생길 것입니다. 그 의문을 가지고 수업에 임하면 수업에 집중할 수 있고 확실히 깨닫게 되어 수학을 발견하는 기쁨을 누리게 될 것입니다.

전국수학교사모임 미래수학교과서팀을 대표하여
최수일 씀

복잡하고 어려워 보이는 수학이지만 개념의 연결고리를 찾을 수 있다면 쉽고 재미있게 접근할 수 있어요. 멋지고 튼튼한 집을 짓기 위해서 치밀한 설계도가 필요한 것처럼 여러분 머릿속에 수학의 개념이라는 큰 집이 자리 잡기 위해서는 체계적인 공부 설계가 필요하답니다. 개념이 어떻게 적용되고 연결되며 확장되는지 여러분 스스로 발견할 수 있도록 선생님들이 꼼꼼하게 설계했어요!

단원 시작

수학 학습을 시작하기 전에 무엇을 배울지 확인하고 나에게 맞는 공부 계획을 세워 보아요. 선생님들이 표준 일정을 제시해 주지만, 속도는 목표가 될 수 없습니다. 자신에게 맞는 공부 계획을 세우고, 실천해 보아요.

복습과 예습을 한눈에 확인해요!

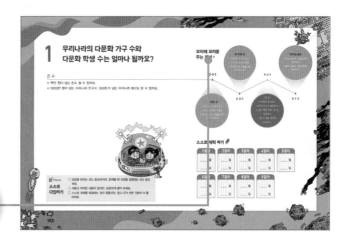

기억하기

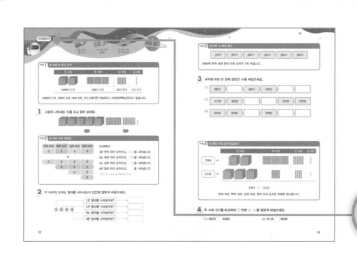

새로운 개념을 공부하기 전에 이전에 배웠던 '연결된 개념'을 꼭 확인해요. 아는 내용이라고 지나치지 말고 내가 제대로 이해했는지 확인해 보세요. 새로운 개념을 공부할 때마다 어떤 개념에서 나왔는지 확인하는 습관을 가져 보세요. 앞으로 공부할 내용들이 쉽게 느껴질 거예요.

배웠다고 만만하게 보면 안 돼요!

새로운 개념과 만나기 전에 탐구하고 생각해야 풀 수 있는 '열린 질문'으로 이루어져 있어요. 처음에는 생각해 내기 어려울 수 있지만 개념 연결과 추론을 통해 문제를 해결할 수 있다면 자신감이 두 배는 생길 거예요. 한 가지 정답이 아니라 다양한 생각, 자유로운 생각이 담긴 나만의 답을 써 보세요. 깊게 생각하는 힘, 수학적으로 생각하는 힘이 저절로 커져서 어떤 문제가 나와도 당황하지 않게 될 거예요.

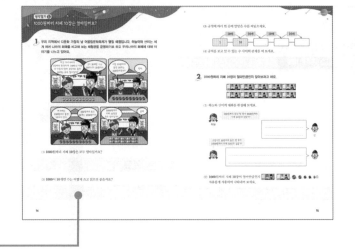

내 생각을 자유롭게 써 보아요!

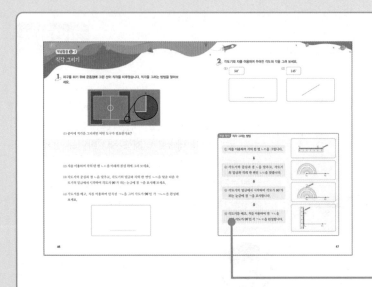

'생각열기'에서 나온 개념이나 정의 등을 한눈에 확인할 수 있게 정리했어요. 또한 개념이 적용된 다양한 예제를 통해 기본기를 다질 수 있어요. '생각열기'와 짝을 이루어 단원에서 배워야 할 주요한 개념과 원리를 알려 주어요.

개념의 핵심만 추렸어요!

표현하기·선생님 놀이

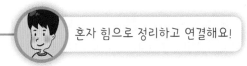

혼자 힘으로 정리하고 연결해요!

새로 배운 개념을 혼자 힘으로 정리하고, 관련된 이전 개념을 연결해요. 수학 개념은 모두 연결되어 있어서 그 연결고리를 찾아가다 보면 '아, 그렇구나!' 하는, 공부의 재미를 느끼는 순간이 찾아올 거예요.

친구나 부모님에게 설명해 보세요!

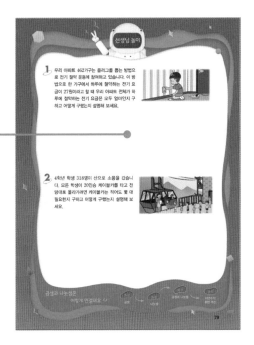

문제를 모두 풀었다고 해도 설명을 할 수 없으면 이해하지 못한 거예요. '선생님 놀이'에서 말로 설명을 하다 보면 내가 무엇을 모르는지, 어디서 실수했는지를 스스로 발견하고 대비할 수 있어요.

개념을 완벽히 이해했다면 실제 시험에 대비하여 문제를 풀어 보아요. 다양한 문제에 대처할 수 있도록 난이도와 문제의 형식에 따라 '기본'과 '심화' 로 나누었어요. '기본'에서는 개념을 복습하고 확인해요. '심화'는 한 단계 나아간 문제로, 일상에서 벌어지는 다양한 상황이 문장제로 나와요. 생활 속에서 일어나는 상황을 수학적으로 이해하고 식으로 써서 답을 내는 과정을 거치다 보면 내가 왜 수학을 배우는지, 내 삶과 수학이 어떻게 연결되는지 알 수 있을 거예요.

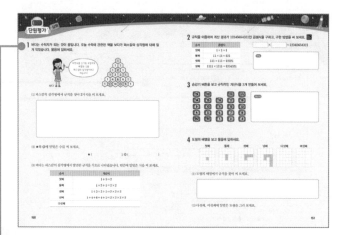

문장제까지 해결하면 자신감이 쑥쑥!

『수학의 미래』는 혼자서 개념을 익히고 적용할 수 있도록 설계되었기 때문에 해설을 잘 활용해야 해요. 문제를 푼 후에 답과 해설을 확인하여 여러분의 생각과 비교하고 수정해보세요. 그리고 '선생님의 참견'에서는 선생님이 문제를 낸 의도를 친절하게 설명했어요. 의도를 알면 문제의 핵심을 알 수 있어서 쉽게 잊히지 않아요.

문제의 숨은 뜻을 꼭 확인해요!

차례

1 자기부상열차에 탄 사람은 모두 몇 명인가요?

곱셈

★ 곱하는 수가 한 자리 수인 곱셈의 계산 원리를 이해하고, 그 계산을 할 수 있어요.

★ 곱하는 수가 두 자리 수인 곱셈의 계산 원리를 이해하고, 그 계산을 할 수 있어요.

☑ Check

스스로
다짐하기

☐ 정답을 맞히는 것도 중요하지만, 문제를 푼 과정을 설명하는 것도 중요해요.

☐ 새롭고 어려운 내용이 많지만, 꼼꼼하게 풀어 보세요.

☐ 스스로 과제를 해결하는 것이 힘들지만, 참고 이겨 내면 기분이 더 좋아져요.

꼬리에 꼬리를 무는 개념 ✦

곱셈구구 (2-2-2)
- 2단부터 9단까지의 곱셈구구 알기
- 1단 곱셈구구와 0과 어떤 수의 곱 알기
- 곱셈구구로 실생활 문제 풀기
- 곱셈표에서 규칙 찾기

곱셈 (3-1-4)
- (두 자리 수)×(한 자리 수)를 여러 가지 방법으로 계산하기
- (두 자리 수)×(한 자리 수)를 실생활 문제 해결에 활용하기

곱셈 (3-2-1)
- (세 자리 수)×(한 자리 수)의 계산 원리와 형식을 알고 계산하기
- (몇십몇)×(몇십), (몇십몇)×(몇십몇)의 계산 원리와 형식을 알고 계산하기

곱셈과 나눗셈 (4-1-3)
- (세 자리 수)×(몇십)
- (세 자리 수)×(몇십몇)
- (몇십)으로 나누기
- (두 자리 수)÷(두 자리 수)
- (세 자리 수)÷(두 자리 수)

스스로 계획 짜기 ✏️

1일차	2일차	3일차	4일차	5일차
____월 ____일	____월 ____일	____월 ____일	____월 ____일	____월 ____일

6일차	7일차
____월 ____일	____월 ____일

2-1 곱셈의 뜻

2-2 곱셈구구

3-1 (두 자리 수)×(한 자리 수)

?

기억 1 곱셈식으로 나타내기

12의 3배를 덧셈식으로 나타내기

➡ 12씩 3묶음을 12의 3배라고 합니다.

$12+12+12$

12의 3배를 곱셈식으로 나타내기

➡ 묶음이나 배를 $\times$ 로 나타낼 수 있습니다.

12×3

---

1 수 모형이나 수를 덧셈식과 곱셈식으로 나타내어 계산해 보세요.

(1)

덧셈식 _____

곱셈식 _____

(2)

덧셈식 _____

곱셈식 _____

(3) 27의 3배

덧셈식 _____

곱셈식 _____

(4) 69의 4배

덧셈식 _____

곱셈식 _____

기억 2 (두 자리 수)×(한 자리 수)를 가로로 계산하기

$18\times5=50+40$ ➡ 18×5를 십의 자리부터 먼저 계산하면 $10\times5=50$이고 일의 자리를 계산

$=90$ 하면 $8\times5=40$이므로 $50+40=90$입니다.

---

2 ☐ 안에 알맞은 수를 써넣으세요.

(1) 32×3 ┌ $30\times3=$ ☐ ┐ ☐

└ $2\times3=$ ☐ ┘

(2) 68×4 ┌ $60\times4=$ ☐ ┐ ☐

└ $8\times4=$ ☐ ┘

```
      3 4                          3 4
  ×     7                      ×     7
  2 1 0  ← 30× 7=210             2 8  ← 4× 7= 28
    2 8  ← 4× 7= 28          2 1 0  ← 30× 7=210
  2 3 8  ← 210+28=238         2 3 8  ← 28+210=238
```

3 □ 안에 알맞은 수를 써넣으세요.

(1)
```
    2 4
  ×   7
  ┌─────┐
  └─────┘
    2 8
  ┌─────┐
  └─────┘
```

(2)
```
    4 9
  ×   5
  ┌─────┐
  └─────┘
    4 5
  ┌─────┐
  └─────┘
```

(3)
```
    1 8
  ×   8
    6 4
  ┌─────┐
  └─────┘
  ┌─────┐
  └─────┘
```

(4)
```
    5 7
  ×   3
    2 1
  ┌─────┐
  └─────┘
  ┌─────┐
  └─────┘
```

```
      2
    3 6
  ×   4
  1 4 4
```

일의 자리 계산 6×4=24에서 20을 올림해야 하므로

십의 자리 위에 2를 작게 쓰고,

십의 자리 계산 30×4=120에 20을 더합니다.

4 계산해 보세요.

(1)
```
    2 3
  ×   8
```

(2)
```
    7 8
  ×   9
```

자기부상열차에 탄 사람은 모두 몇 명인가요?

 바다의 일기를 보고 물음에 답하세요.

20XX년 X월 X일 날씨 : 맑음

놀이공원에 갔다.
1대에 정원이 78명인 코끼리 열차
4대에 사람들이 가득 찼다.
1대에 정원이 234명인 자기부상
열차도 4대가 있었는데 거기에도
사람들이 가득 찼다.
정말 사람들이 매우 많았다.

(1) 코끼리열차 4대에 가득 찬 사람 수를 곱셈으로 구하고 어떻게 구했는지 설명해 보세요.

(2) 자기부상열차 4대에 가득 찬 사람 수를 곱셈으로 구하고 어떻게 구했는지 설명해 보세요.

(3) 바다는 코끼리열차 4대에 가득 찬 사람 수를 다음과 같이 구했습니다. 같은 방법으로
자기부상열차 4대에 가득 찬 사람 수를 구하고 어떻게 구했는지 설명해 보세요.

$$78+78+78+78$$

(4) 바다는 코끼리열차 4대에 가득 찬 사람 수를 다음과 같이 구했습니다. 같은 방법으로
자기부상열차 4대에 가득 찬 사람 수를 구하고 어떻게 구했는지 설명해 보세요.

$$78 \times 4$$
$$= 70 \times 4 + 8 \times 4$$

(5) 바다는 코끼리열차 4대에 가득 찬 사람 수를 다음과 같이 구했습니다. 같은 방법으로
자기부상열차 4대에 가득 찬 사람 수를 구하고 어떻게 구했는지 설명해 보세요.

$$
\begin{array}{r}
7\ 8 \\
\times\quad 4 \\
\hline
2\ 8\ 0 \\
3\ 2 \\
\hline
\end{array}
$$

(6) 자기부상열차 4대에 가득 찬 사람 수를 구하는 다양한 방법 중에서 자신이 생각하는 가
장 좋은 방법은 무엇인지 그 이유를 써 보세요. 또 다른 방법이 있다면 설명해 보세요.

올림이 없는 (세 자리 수)×(한 자리 수)

1 201×3의 값을 보기 와 같이 수 모형을 그려서 계산해 보세요.

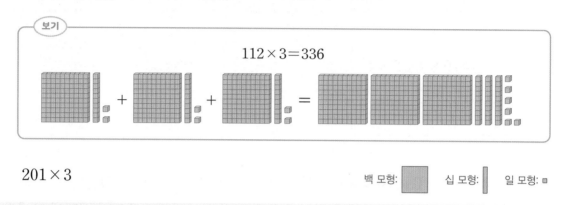

보기

$$112 \times 3 = 336$$

$$201 \times 3$$

백 모형: ▢   십 모형: ▮   일 모형: ▫

2 보기 와 같은 방법으로 계산해 보세요.

보기

$$112 \times 3 = 112 + 112 + 112 = 336$$

(1) 104×2

(2) 313×3

3 보기 와 같은 방법으로 계산해 보세요.

보기

$$112 \times 3 = 100 \times 3 + 10 \times 3 + 2 \times 3$$
$$= 300 + 30 + 6$$
$$= 336$$

(1) 124×2 (2) 223×3

 4 백의 자리부터 곱하는 방법으로 계산해 보세요.

(1)
```
    1 2 3
×       3
```

(2)
```
    4 0 3
×       2
```

(3)
```
    3 2 1
×       3
```

 5 일의 자리부터 곱하는 방법으로 계산해 보세요.

(1)
```
    1 2 3
×       3
```

(2)
```
    4 0 3
×       2
```

(3)
```
    3 2 1
×       3
```

 6 계산해 보세요.

(1)
```
    3 2 1
×       2
```

(2)
```
    1 1 2
×       4
```

(3)
```
    3 1 3
×       3
```

개념 정리 올림이 없는 (세 자리 수)×(한 자리 수)의 계산 방법

방법 1 덧셈식으로 계산하기

$231 \times 3 = 231 + 231 + 231 = 693$

방법 2 가로셈으로 계산하기

$231 \times 3 = 200 \times 3 + 30 \times 3 + 1 \times 3 = 600 + 90 + 3 = 693$

방법 3 세로셈으로 계산하기

```
    2 3 1
×       3
────────
        3
      9 0
    6 0 0
────────
    6 9 3
```

```
    2 3 1
×       3
────────
    6 0 0
      9 0
        3
────────
    6 9 3
```

```
    2 3 1
×       3
────────
    6 9 3
```

올림이 있는 (세 자리 수)×(한 자리 수)

1 246×2의 값을 보기와 같이 수 모형을 그려서 계산해 보세요.

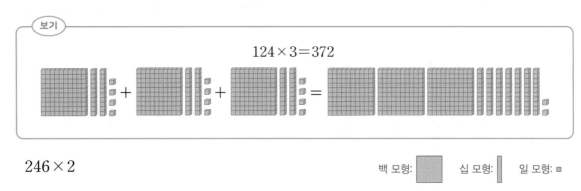

보기

$124 \times 3 = 372$

246×2

백 모형: ■   십 모형: ▮   일 모형: ▫

2 보기와 같은 방법으로 계산해 보세요.

보기

$124 \times 3 = 300 + 60 + 12 = 372$

(1) 219×3 (2) 351×7

(3) 356×4

3 보기와 같은 방법으로 계산해 보세요.

보기

```
      3 1 9
  ×       4
  1 2 0 0
        4 0
        3 6
  1 2 7 6
```

(1)
```
      1 7 3
  ×       2
```

(2)
```
      2 5 4
  ×       3
```

4 와 같은 방법으로 계산해 보세요.

보기

```
        3   1   9
    ×           4
        ───────────
            3   6
            4   0
    1   2   0   0
    ───────────────
    1   2   7   6
```

(1)
```
        2   6   7
    ×           3
```

(2)
```
        7   1   4
    ×           5
```

5 와 같은 방법으로 계산해 보세요.

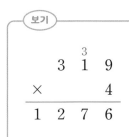

(1)
```
        3   6   7
    ×           4
```

(2)
```
        6   1   4
    ×           8
```

개념 정리 올림이 있는 (세 자리 수)×(한 자리 수)의 계산 방법

방법 1 덧셈식으로 계산하기

$276 \times 3 = 276 + 276 + 276 = 828$

방법 2 가로셈으로 계산하기

$276 \times 3 = 200 \times 3 + 70 \times 3 + 6 \times 3 = 600 + 210 + 18 = 828$

방법 3 세로셈으로 계산하기

```
        2   7   6
    ×           3
    ───────────────
            1   8
        2   1   0
        6   0   0
    ───────────────
        8   2   8
```

```
        2   7   6
    ×           3
    ───────────────
        6   0   0
        2   1   0
            1   8
    ───────────────
        8   2   8
```

```
      2   1
      2   7   6
    ×           3
    ───────────────
        8   2   8
```

모아야 하는 빈 우유갑은 모두 몇 개인가요?

 선생님과 하늘이의 대화를 보고 물음에 답하세요.

(1) 모아야 하는 빈 우유갑이 모두 몇 개인지 구하는 방법을 설명해 보세요.

(2) 산이는 모아야 하는 빈 우유갑이 모두 몇 개인지 다음과 같은 식으로 나타내었습니다. 산이가 식으로 나타낸 방법에 대해서 어떻게 생각하는지 설명해 보세요.

$$25+25+25+25+25+25+25+25+25+25+25+25+25$$

(3) 강이는 모아야 하는 빈 우유갑이 모두 몇 개인지 다음과 같이 구했습니다. 어떻게 구했는지 설명해 보세요.

$$25 \times 13 = 25 \times 10 + 25 \times 3$$

(4) 바다는 모아야 하는 빈 우유갑이 모두 몇 개인지 수 모형으로 구했습니다. 어떻게 구했는지 설명해 보세요.

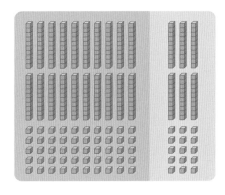

(5) 하늘이는 모아야 하는 빈 우유갑이 모두 몇 개인지 다음과 같이 구했습니다. 어떻게 구했는지 설명해 보세요.

```
      2 5
  ×   1 3
  ─────────
    2 5 0
      7 5
  ─────────
    3 2 5
```

(6) 모아야 하는 빈 우유갑이 모두 몇 개인지 구하고 어떻게 구했는지 설명해 보세요.

(몇)×(몇십몇), (몇십)×(몇십), (몇십몇)×(몇십)

 곱셈을 계산하고 비교해 보세요.

(1) 6×3과 3×6

(2) 70×5와 5×70

(3) 36×2와 2×36

 보기 와 같은 방법으로 계산해 보세요.

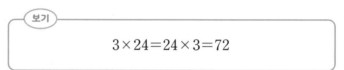

보기
$$3 \times 24 = 24 \times 3 = 72$$

(1) 6×23

(2) 5×78

(3) 9×84

 보기 와 같은 방법으로 계산해 보세요.

보기
$$3 \times 24 = 3 \times 20 + 3 \times 4$$
$$= 60 + 12 = 72$$

(1) 4×32

(2) 7×54

(3) 8×63

4 (보기)와 같은 방법으로 계산해 보세요.

> 보기
>
> $$34 \times 20 = 34 \times 10 \times 2$$
> $$= 340 \times 2 = 680$$

(1) 60×20 (2) 47×30

(3) 84×70

5 (보기)와 같은 방법으로 계산해 보세요.

> 보기
>
> $$30 \times 20 = 30 \times 2 \times 10$$
> $$= 60 \times 10 = 600$$

(1) 40×30 (2) 27×50

(3) 55×60

개념 정리 (몇)×(몇십몇), (몇십)×(몇십), (몇십몇)×(몇십)의 계산 방법

- 9×43의 계산 방법

  방법 1 가로셈으로 계산하기

  $$9 \times 43 = 9 \times 40 + 9 \times 3 = 360 + 27 = 387$$

  방법 2 2×3과 3×2는 같습니다. 따라서, 9×43과 43×9는 같습니다.

  $$9 \times 43 = 43 \times 9 = 387$$

- 20×30의 계산 방법

  $$20 \times 30 = 2 \times 3 \times 10 \times 10 = 600$$

- 24×30의 계산 방법

  $$24 \times 30 = 24 \times 3 \times 10 = 72 \times 10 = 720$$

(몇십몇)×(몇십몇)

1 수 모형을 보고 곱셈식으로 나타내어 보세요.

(1)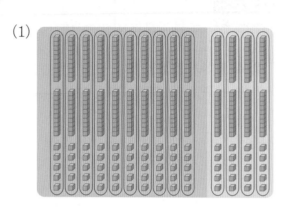

곱셈식 _____

(2)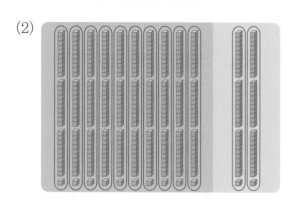

곱셈식 _____

2 보기 와 같은 방법으로 계산해 보세요.

보기
$$32 \times 17 = 32 \times 10 + 32 \times 7$$
$$= 320 + 224 = 544$$

(1) 17×16

(2) 26×34

3 보기 와 같은 방법으로 계산해 보세요.

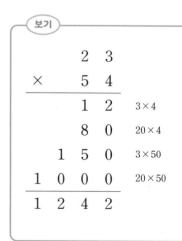

보기

		2	3	
×		5	4	
		1	2	3×4
		8	0	20×4
	1	5	0	3×50
1	0	0	0	20×50
1	2	4	2	

(1)
$$\begin{array}{r} 5\ 1 \\ \times\ 4\ 2 \\ \hline \end{array}$$

(2)
$$\begin{array}{r} 3\ 7 \\ \times\ 8\ 9 \\ \hline \end{array}$$

4 와 같은 방법으로 계산해 보세요.

보기

```
      2 3
  ×   5 4
  ─────────
      9 2    23×4
  1 1 5      23×50
  ─────────
  1 2 4 2
```

(1)
```
      4 2
  ×   6 9
  ─────────
```

(2)
```
      2 4
  ×   9 6
  ─────────
```

5 사과를 한 상자에 20개씩 담았습니다. 38상자에 담은 사과는 모두 몇 개일까요?

(   )

6 하루에 자장면을 72그릇만 판매하는 식당이 있습니다. 이 식당에서 28일 동안 자장면을 모두 몇 그릇 팔았을까요?

(   )

개념 정리 (몇십몇)×(몇십몇)의 계산 방법

• 24×37의 계산 방법

방법 1 가로셈으로 계산하기

$$24 \times 37 = 20 \times 30 + 4 \times 30 + 20 \times 7 + 4 \times 7$$
$$= 600 + 120 + 140 + 28 = 888$$

방법 2 세로셈으로 계산하기

```
      2 4
  ×   3 7
  ─────────
      2 8     4× 7
  1 4 0      20× 7
  1 2 0       4×30
  6 0 0      20×30
  ─────────
  8 8 8
```

```
      2 4
  ×   3 7
  ─────────
  1 6 8     24× 7
    7 2      24×30
  ─────────
  8 8 8
```

곱셈

43×35를 2가지 방법으로 해결해 보세요.

1 모눈종이를 이용하는 방법

2 세로로 계산하는 방법

		4	3
	×	3	5

개념 연결 계산해 보세요.

주제	계산하기
세로로 곱하기	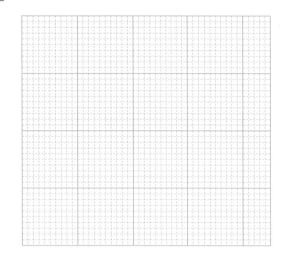
쪼개서 곱하기	57×4 ⎧ $7 \times 4 =$ ☐ ⎫ ☐ ⎩ $50 \times 4 =$ ☐ ⎭

---

1 245×3을 세로로 계산하는 방법과 쪼개서 곱하는 방법으로 각각 계산하고 친구에게 편지로 설명해 보세요.

선생님 놀이

1 색칠한 전체 모눈의 수를 곱셈식으로 나타내고
그 계산 결과를 다른 사람에게 설명해 보세요.

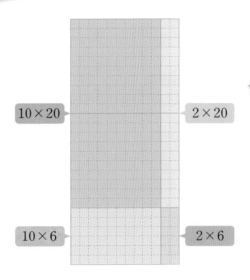

10×20 2×20

10×6 2×6

2 고속 열차 객실 한 량의 좌석 배치는 다음과 같습니다. 이 고속 열차의 객실이 15량이라면
좌석은 모두 몇 개인지 다른 사람에게 설명해 보세요.

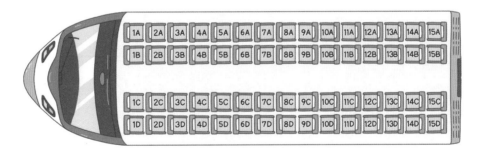

곱셈은 이렇게 연결돼요

(두 자리 수)
×(한 자리 수)

(두 자리 수)
×(두 자리 수)

곱셈과 나눗셈

자연수의
혼합 계산

단원평가 기본

1 계산해 보세요.

(1) 123×2 (2) 153×3

(3) 982×4 (4) 342×6

(5) 198×3 (6) 186×7

(7)
```
    3 2 7
  ×     4
```
     (8)
```
    1 9 4
  ×     6
```

2 계산해 보세요.

(1) 7×19 (2) 24×34

(3) 28×37 (4) 84×36

(5) 64×59 (6) 88×79

(7)
```
    6 7
  × 3 0
```
     (8)
```
    8 5
  × 5 4
```

3 그림을 보고 9×23을 구하는 방법을 써 보세요.

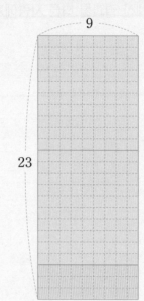

방법

4 □ 안에 알맞은 수를 써넣으세요.

```
        9
  ×   □ □
  1 □ 2
```

28

5 그림을 보고 154×6을 구하는 방법을 써 보세요.

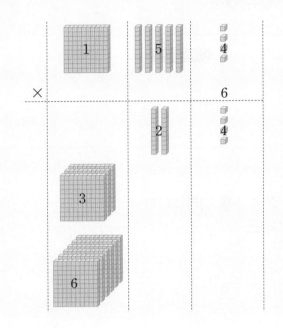

방법

6 한 상자에 20개씩 들어 있는 사과가 30상자 있습니다. 사과는 모두 몇 개인지 곱셈식으로 나타내고 답을 구해 보세요.

곱셈식 _____

답 _____

7 운동장 한 바퀴의 길이는 167 m입니다. 강이가 걸어서 운동장을 7바퀴 돈다면 모두 몇 m를 걷게 되는지 곱셈식으로 나타내고 답을 구해 보세요.

곱셈식 _____

답 _____

8 산이는 턱걸이를 하루에 8개씩 하려고 합니다. 34일 동안 턱걸이를 모두 몇 개 할 수 있는지 곱셈식으로 나타내고 답을 구해 보세요.

곱셈식 _____

답 _____

9 도자기를 하루에 85개씩 만드는 공장이 있습니다. 이 공장에서 28일 동안 만들 수 있는 도자기는 모두 몇 개인지 곱셈식으로 나타내고 답을 구해 보세요.

곱셈식 _____

답 _____

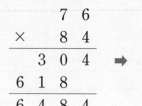

1 계산이 <u>잘못된</u> 곳을 찾아 이유를 쓰고, 바르게 계산해 보세요.

```
      7 6
  ×   8 4
  ─────────
      3 0 4
    6 1 8
  ─────────
    6 4 8 4
```
➡

이유

바른 계산

2 각각의 글자는 한 자리 수를 나타내고 같은 글자는 같은 수를 나타냅니다.
'수', '학', '짱'에 알맞은 수를 구하여 곱셈식을 써 보세요.

```
      수  학
  ×   수  학
  ────────────
   짱  수  학
```

곱셈식 _____

3 바다와 산이는 수 카드 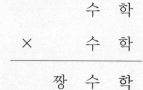 1 , 2 , 4 , 6 , 7 , 9 중에서 4장을 골라 (두 자리 수)×(두 자리 수)를 만들었습니다. 바다와 산이가 만든 곱셈식을 써 보세요.

(1)  바다

 (두 자리 수)×(두 자리 수)를 계산했더니 가장 큰 값이 나왔어.

(2) 산

 (두 자리 수)×(두 자리 수)를 계산했더니 가장 작은 값이 나왔어.

4 하늘이와 강이의 대화를 읽고 강이가 구한 답을 써 보세요.

 하늘

나는 27에 36을 곱했어.

 강

난 하늘이가 구한 값에 7을 곱했어.

(   )

5 A 마트에서 당근 하나를 745원에 팔고 있습니다. 물음에 답하세요.

(1) 당근 8개를 사면 얼마를 내야 하는지 식으로 나타내고, 2가지 방법으로 계산해 보세요.

방법 1   방법 2

(   )

(2) B 마트에서는 당근 하나를 950원에 팔고 있습니다. B 마트에서 당근을 8개 사면 A 마트에서 사는 것보다 얼마를 더 내야 하는지 구해 보세요.

(   )

6 무인 우주 탐사선 보이저 1호는 1초에 17 km씩 이동하여 비행 36년 만에 태양권을 벗어났습니다. 보이저호가 1분 동안 이동한 거리는 몇 km인지 구해 보세요.

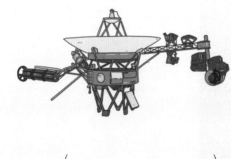

풀이

(   )

7 플라나리아는 몸이 잘려도 살아나는 동물로, 한 마리를 둘로 자르면 2마리가 되고 셋으로 자르면 3마리가 됩니다. 플라나리아 48마리를 각각 14개 조각으로 자르면 플라나리아는 모두 몇 마리가 되는지 구해 보세요.

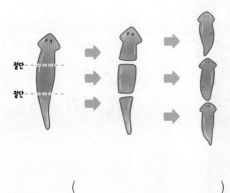

풀이

(   )

31

2 카드를 똑같이 나누면 몇 장씩 가져야 할까요?

나눗셈

★ 나눗셈이 이루어지는 실생활 상황을 통하여 나눗셈의 의미를 알고,
  곱셈과 나눗셈의 관계를 이해할 수 있어요.

★ 나누는 수가 한 자리 수인 나눗셈의 계산 원리를 이해하고 그 계산을 할 수 있으며,
  나눗셈에서 몫과 나머지의 의미를 알 수 있어요.

 Check
스스로
다짐하기

□ 정답을 맞히는 것도 중요하지만, 문제를 푼 과정을 설명하는 것도 중요해요.

□ 새롭고 어려운 내용이 많지만, 꼼꼼하게 풀어 보세요.

□ 스스로 과제를 해결하는 것이 힘들지만, 참고 이겨 내면 기분이 더 좋아져요.

꼬리에 꼬리를 무는 개념 ✦

나눗셈
- 똑같이 나누기
- 곱셈과 나눗셈의 관계 알아보기
- 나눗셈의 몫을 곱셈식으로 구하기
- 나눗셈의 몫을 곱셈구구로 구하기

2-2-2

곱셈과 나눗셈
- (세 자리 수)×(몇십)
- (세 자리 수)×(몇십몇)
- (몇십)으로 나누기
- (두 자리 수)÷(두 자리 수)
- (세 자리 수)÷(두 자리 수)

3-2-2

곱셈구구
- 2단부터 9단까지의 곱셈구구 알기
- 1단 곱셈구구와 0과 어떤 수의 곱 알기
- 곱셈구구로 실생활 문제 풀기
- 곱셈표에서 규칙 찾기

3-1-3

나눗셈
- (몇십)÷(몇)
- 나머지가 없는 (몇십몇)÷(몇)
- 나머지가 있는 (몇십몇)÷(몇)
- (세 자리 수)÷(한 자리 수)
- 계산이 맞는지 확인하기

4-1-3

스스로 계획 짜기 ✏️

1일차	2일차	3일차	4일차	5일차
____월 ____일	____월 ____일	____월 ____일	____월 ____일	____월 ____일

6일차	7일차	8일차
____월 ____일	____월 ____일	____월 ____일

기억하기

기억 1 똑같이 나누기

사탕 6개를 똑같이 나누어 담으면

- 접시 1개에 담을 때 한 접시에 6개가 놓입니다.
- 접시 2개에 담을 때 한 접시에 3개씩 놓입니다.
- 접시 3개에 담을 때 한 접시에 2개씩 놓입니다.
- 접시 6개에 담을 때 한 접시에 1개씩 놓입니다.

1 구슬을 봉지에 똑같이 나누어 담으려고 합니다. □ 안에 알맞은 수를 써넣으세요.

(1) 봉지 2개에 나누어 담으면 봉지 한 개에 □개씩 담을 수 있습니다.

(2) 봉지 3개에 나누어 담으면 봉지 한 개에 □개씩 담을 수 있습니다.

기억 2 곱셈과 나눗셈의 관계

- 배의 개수를 곱셈식으로 나타내면 $4 \times 2 = 8$입니다.
- 나눗셈식으로 나타내면

  배 8개를 한 봉지에 2개씩 똑같이 나누어 담으면 4봉지에 담을 수 있습니다. ➡ $8 \div 2 = 4$

  배 8개를 한 봉지에 4개씩 똑같이 나누어 담으면 2봉지에 담을 수 있습니다. ➡ $8 \div 4 = 2$

2 곱셈식을 보고 나눗셈식을 만들어 보세요.

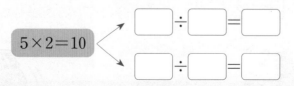

$5 \times 2 = 10$

□ ÷ □ = □

□ ÷ □ = □

나눗셈식 $18 \div 3 = 6$에서 몫은 6이고, 이것을 곱셈식으로 나타내면 $3 \times 6 = 18$입니다.

3 관계있는 것끼리 선으로 이어 보세요.

나눗셈식	곱셈식	몫

$48 \div 8 = \Box$ • • $7 \times 4 = 28$ • • $\Box = 4$

$28 \div 7 = \Box$ • • $8 \times 6 = 48$ • • $\Box = 6$

$18 \div 9 = \Box$ • • $9 \times 2 = 18$ • • $\Box = 2$

• 전체를 똑같이 2로 나눈 것 중의 1을 $\frac{1}{2}$이라 쓰고 2분의 1이라고 읽습니다.

• 전체를 똑같이 3으로 나눈 것 중의 2를 $\frac{2}{3}$라 쓰고 3분의 2라고 읽습니다.

➡ $\frac{1}{2}$, $\frac{2}{3}$와 같은 수를 분수라고 합니다.

$$\frac{2 \leftarrow 분자}{3 \leftarrow 분모}$$

4 주어진 분수만큼 색칠해 보세요.

(1)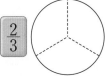

(2)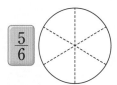

(3)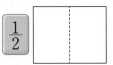

(4)

카드를 똑같이 나누면 몇 장씩 가져야 할까요?

 강, 산, 하늘, 바다는 보드게임을 하기로 했습니다. 물음에 답하세요.

(1) 카드 31장을 4명이 똑같이 나누어 가지려면 한 명이 몇 장씩 가지게 되는지 식을 써 보세요.

(2) 카드 31장을 4장씩 묶어서 똑같이 나누어 보세요.

(3) 카드 31장을 4묶음으로 똑같이 나누어 보세요.

(4) 하늘이는 카드를 몇 장 가지게 되나요?

(   )

두 번째 보드게임은 강이와 바다만 하기로 했습니다. 물음에 답하세요.

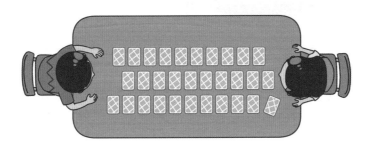

(1) 카드 31장을 2명이 똑같이 나누어 가지려면 한 명이 몇 장씩 가지게 되는지 식을 써 보세요.

(2) 카드 31장을 2장씩 묶어서 똑같이 나누어 보세요.

(3) 카드 31장을 2묶음으로 똑같이 나누어 보세요.

(4) 바다는 카드를 몇 장 가지게 되나요?

(   )

나눗셈의 몫과 나머지

카드 31장을 4명이 똑같이 나누면 한 명이 7장씩 가지고 3장이 남습니다. 이것을 나눗셈식으로 다음과 같이 표현합니다.

$$31 \div 4 = 7 \cdots 3$$

이때, 7과 3을 각각 $31 \div 4$의 몫과 나머지라고 합니다. 나머지는 나누는 수보다 작아야 합니다. 나머지가 없으면 나머지가 0이라고 하며 나누어떨어진다고 합니다.

 나눗셈식에 맞게 묶고 몫과 나머지를 구해 보세요.

(1) $20 \div 3$

몫 (   )

나머지 (   )

(2) $23 \div 5$

몫 (   )

나머지 (   )

(3) $42 \div 6$

몫 (   )

나머지 (   )

나눗셈식을 세로로 쓰는 방법

$$28 \div 3 = 9 \cdots 1 \quad \Rightarrow \quad 3\overline{)28}$$

나누는 수 ↓

$$3\overline{)\begin{array}{r} 9 \\ 28 \\ \hline 27 \\ \hline 1 \end{array}}$$

← 몫
← 나누어지는 수
← 나머지

몫 나머지

 나눗셈의 몫과 나머지를 구해 보세요.

(1) $28 \div 8$

(2) $54 \div 7$

(3) $20 \div 4$

(4) $34 \div 5$

(5) $38 \div 4$

(6) $65 \div 9$

(7) $9\overline{)80}$

(8) $4\overline{)21}$

(9) $2\overline{)15}$

(10) $3\overline{)26}$

(11) $5\overline{)36}$

(12) $6\overline{)48}$

내림이 있는 나눗셈의 몫과 나머지

1 강이는 46÷3을 수 모형으로 계산했습니다. 어떻게 계산했는지 설명해 보세요.

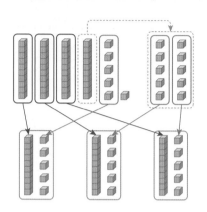

개념 정리   내림이 있고 나머지가 있는 (몇십몇)÷(몇)

33÷2를 수 모형으로 계산하는 방법을 식으로 정리하면 다음과 같습니다.

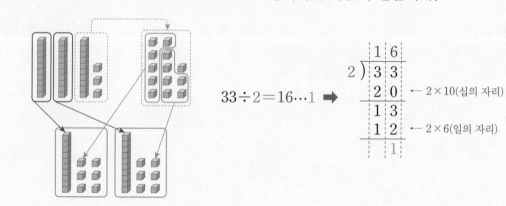

$$33 \div 2 = 16 \cdots 1 \implies$$

```
        1 6
   2 ) 3 3
       2 0   ← 2×10(십의 자리)
       1 3
       1 2   ← 2×6(일의 자리)
           1
```

---

2 보기 와 같은 방법으로 계산해 보세요.

보기
```
      2 3
  3 ) 7 1
      6 0
      1 1
        9
        2
```

(1)
```
  5 ) 6 3
```

(2)
```
  6 ) 9 8
```

3 산이와 하늘이가 74÷4를 계산한 것입니다. 잘못 계산한 사람은 누구인지 쓰고 이유를 설명해 보세요.

산

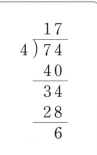

$$\begin{array}{r} 17 \\ 4\overline{)74} \\ 40 \\ \hline 34 \\ 28 \\ \hline 6 \end{array}$$

하늘

$$\begin{array}{r} 18 \\ 4\overline{)74} \\ 40 \\ \hline 34 \\ 32 \\ \hline 2 \end{array}$$

4 계산해 보세요.

(1)
$$2\overline{)70}$$

(2)
$$5\overline{)82}$$

(3) $73 \div 5$

(4) $52 \div 4$

(5) $92 \div 6$

(6) $84 \div 7$

생각열기 ②

세 자리 수를 한 자리 수로 나누는 방법은 무엇일까요?

1 비아초등학교의 오늘 급식 메뉴입니다. 물음에 답하세요.

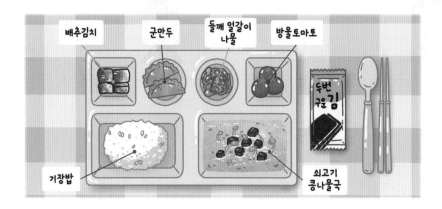

(1) 방울토마토 602개를 3학년 3개 학급에 똑같이 나눌 때 한 학급에 몇 개씩 나누어 줄 수 있는지 구하는 식을 써 보세요.

(2) (1)의 식을 세로로 계산해 보세요.

(3) 한 학급에 방울토마토를 몇 개씩 나누어 줄 수 있고 몇 개가 남을까요?

2 문제 **1**에서 구한 방울토마토의 개수가 맞는지 확인해 보세요.

(1) 602÷3에 맞게 수 모형을 묶어 보세요.

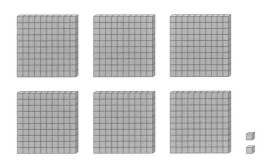

(2) 602÷3은 몇씩 몇 묶음이고, 나머지가 몇 개인지 써 보세요.

(3) 곱셈식을 이용하여 (1)의 수 모형을 표현해 보세요.

3 나눗셈을 맞게 계산했는지 확인하는 방법을 설명해 보세요.

(세 자리 수)÷(한 자리 수)

개념 정리 (세 자리 수)÷(한 자리 수)의 계산 방법

- 304÷3의 계산

$$3 \overline{)304}$$ ➡ $$3 \overline{)304}$$ ➡ $$3 \overline{)304}$$

- 499÷6의 계산

$$6 \overline{)499}$$ ➡ $$6 \overline{)499}$$ ➡ $$6 \overline{)499}$$

백의 자리에서 나눌 수 없을 때는 십의 자리부터 순서대로 나눕니다.

[1~5] 보기 와 같이 나눗셈을 계산해 보세요.

1 보기
$$2 \overline{)203}$$
(1) $$4 \overline{)806}$$ (2) $$2 \overline{)800}$$

2 보기
$$4 \overline{)380}$$
(1) $$5 \overline{)270}$$ (2) $$6 \overline{)456}$$

44

3

보기
```
       180
    2) 360
       2
       16
       16
        0
```

(1)
```
3) 420
```

(2)
```
4) 640
```

4

보기
```
        65
    4) 262
       24
       22
       20
        2
```

(1)
```
5) 356
```

(2)
```
6) 399
```

5

보기
```
       267
    2) 535
       4
       13
       12
       15
       14
        1
```

(1)
```
3) 778
```

(2)
```
4) 925
```

나눗셈의 결과 확인

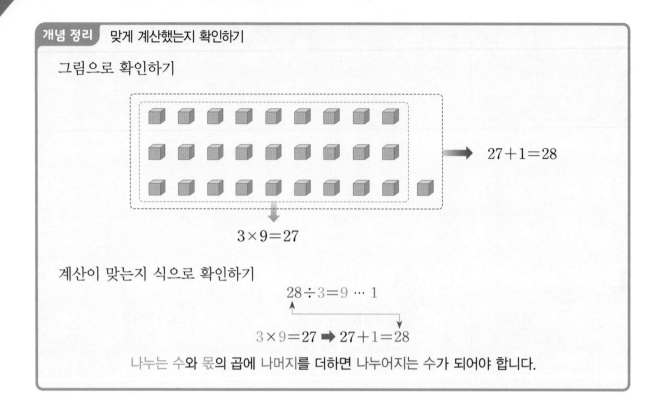

개념 정리 맞게 계산했는지 확인하기

그림으로 확인하기

$27+1=28$

$3 \times 9 = 27$

계산이 맞는지 식으로 확인하기

$28 \div 3 = 9 \cdots 1$

$3 \times 9 = 27 \Rightarrow 27 + 1 = 28$

나누는 수와 몫의 곱에 나머지를 더하면 나누어지는 수가 되어야 합니다.

1 나눗셈을 계산하고 맞게 계산했는지 그림을 그려 확인해 보세요.

(1) $36 \div 7$

$$7\overline{)36}$$

(2) $27 \div 5$

$$5\overline{)27}$$

2 보기 와 같이 나눗셈을 계산하고 맞게 계산했는지 확인해 보세요.

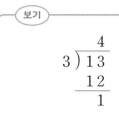

보기

$$3\,)\overline{\,13\,}$$ 몫 4

12

1

몫 ____4____ , 나머지 ____1____

확인 $3 \times 4 = 12$

➡ $12 + 1 = 13$

(1)
$$4\,)\overline{\,59\,}$$

(2)
$$3\,)\overline{\,43\,}$$

몫_____ , 나머지 _____

확인 _____

➡ _____

몫_____ , 나머지 _____

확인 _____

➡ _____

(3) $7\,)\overline{\,86\,}$

(4) $7\,)\overline{\,800\,}$

몫_____ , 나머지 _____

확인 _____

➡ _____

몫_____ , 나머지 _____

확인 _____

➡ _____

나눗셈

스스로 정리   물음에 답하세요.

1 865÷3의 몫과 나머지를 구해 보세요.

2 어떤 수를 □로 나누었더니 몫이 △, 나머지가 ☆이 되었습니다. 어떤 수를 구하는 식을 써 보세요.

개념 연결   식을 쓰고 물음에 답하세요.

주제	식 쓰기
똑같이 나누기	배 18개를 3명이 똑같이 나누어 가지면 한 명이 배를 몇 개씩 가질 수 있는지 식을 써서 구해 보세요.
곱셈과 나눗셈의 관계	사과가 모두 몇 개인지 곱셈식으로 나타내고 나눗셈식으로 바꿔 보세요.

1 73÷4를 계산하여 몫과 나머지를 구하고, 계산 결과가 맞는지 확인하는 방법을 친구에게 편지로 설명해 보세요.

1 참외 455개를 한 바구니에 9개씩 담으려고 합니다. 바구니가 몇 개 필요하고, 참외는 몇 개 남는지 구하고 다른 사람에게 설명해 보세요.

2 42÷3을 계산한 것입니다. <u>잘못</u> 계산한 곳을 찾고 그 이유를 다른 사람에게 설명해 보세요.

```
       1 1 3
   3 ) 4 2
       3
       3 9
       3
         9
         9
         0
```

나눗셈은 이렇게 연결돼요 ✐

분수

나누는 수가
한 자리 수인
나눗셈

나누는 수가
두 자리 수인
나눗셈

자연수의
혼합 계산

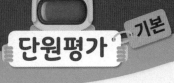

1 나눗셈식을 세로로 쓰고 계산해 보세요.

$72 \div 6$ ➡

2 계산을 하고 몫과 나머지를 구해 보세요.

(1)
$$2\overline{)\,2\ 8}$$

(2)
$$4\overline{)\,7\ 7}$$

몫 _____

나머지 _____

몫 _____

나머지 _____

(3)
$$2\overline{)\,4\ 0}$$

(4)
$$4\overline{)\,8\ 7}$$

몫 _____

나머지 _____

몫 _____

나머지 _____

(5) $96 \div 8$

(6) $85 \div 6$

3 나눗셈의 몫을 선으로 이어 보세요

| 36÷2 | • | • | 32 |

| 160÷5 | • | • | 18 |

4 계산해 보세요.

(1) $266 \div 7$

(2) $472 \div 3$

(3)
$$3\overline{)\,4\ 1\ 6}$$

(4)
$$4\overline{)\,3\ 9\ 4}$$

5 나누어떨어지는 것에 ○표 해 보세요.

$62 \div 4$　　$83 \div 3$　　$96 \div 6$

6 몫이 가장 작은 것에 ○표 해 보세요.

$$29 \div 2 \qquad 43 \div 3 \qquad 52 \div 4$$

7 사탕 56개를 4명에게 똑같이 나누어 주려고 합니다. 한 명에게 몇 개씩 나누어 줄 수 있을까요?

식 _____

답 _____

8 나머지가 0인 식을 모두 찾아 기호를 써 보세요.

⊙ $204 \div 6$ ⓛ $321 \div 3$

ⓒ $94 \div 4$ ⓔ $827 \div 9$

(   )

9 하늘이네 학교에서는 미술 대회에서 사용할 도화지 954장을 3학년 6학급에 똑같이 나누어 주려고 합니다. 한 학급에 몇 장씩 줄 수 있고, 몇 장이 남을까요?

식 _____

답 _____

10 사과 128개를 상자 5개에 똑같이 나누어 담으려고 합니다. 한 상자에 사과를 몇 개씩 담을 수 있고 몇 개가 남는지 계산하고 계산 결과가 맞는지 확인해 보세요.

식 _____

답 _____

확인 _____

➡ _____

11 수 카드를 한 번씩만 사용하여 몫이 가장 큰 나눗셈식을 만들어 계산하고 계산 결과가 맞는지 확인해 보세요.

3   4   5

나눗셈식 _____

몫 _____

나머지 _____

확인 _____

➡ _____

1 공책 336권을 남는 공책이 없도록 똑같이 나누어 주려고 합니다. 물음에 답하세요.

(1) 가장 많은 사람에게 공책을 남김없이 똑같이 나누어 주면 몇 권씩 몇 명에게 나누어 줄 수 있는지 구해 보세요.

> 풀이

( )

(2) 한 명이 10권까지 받을 수 있을 때 공책을 남김없이 똑같이 나누어 줄 수 있는 방법은 모두 몇 가지인지 구해 보세요.

> 풀이

( )

2 강이는 구슬이 8개씩 들어 있는 주머니를 3개 가지고 있고, 산이는 구슬이 5개씩 들어 있는 주머니를 5개 가지고 있습니다. 강이와 산이의 구슬을 모두 섞어서 8개의 주머니에 똑같이 나누어 담을 수 있을 만큼 담고, 남은 것은 8개 중 어느 한 주머니에 더 넣었습니다. 남은 구슬을 더 넣은 주머니에 있는 구슬은 몇 개인지 구해 보세요.

> 풀이

( )

3 계산이 잘못된 곳을 찾아 바르게 계산해 보세요.

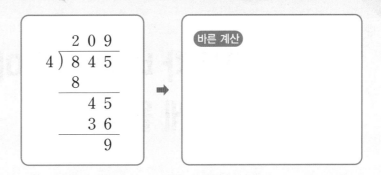

바른 계산

4 어떤 수를 8로 나누었더니 몫이 9, 나머지가 7이었습니다. 어떤 수는 얼마인지 구해 보세요.

풀이

(   )

5 80보다 크고 120보다 작은 자연수 중 다음 ⟨조건⟩을 모두 만족하는 수는 몇 개인지 구해 보세요.

조건
• 6으로 나누었을 때 나누어떨어집니다.   • 8로 나누었을 때 나누어떨어집니다.

풀이

(   )

6 수 카드를 한 번씩만 사용하여 나머지가 가장 큰 (두 자리 수)÷(한 자리 수)를 만들어 계산하고 계산 결과가 맞는지 확인해 보세요.

| 4 | 7 | 8 |

나눗셈식 _____   몫 _____   나머지 _____   확인 _____

53

3 자동차 바퀴가 원이 아니라면 어떻게 될까요?

원

★ 원의 중심, 반지름, 지름을 알고, 그 관계를 이해할 수 있어요.

★ 컴퍼스를 사용하여 여러 가지 크기의 원을 그려서 다양한 모양을 꾸밀 수 있어요.

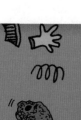

꼬리에 꼬리를 무는 개념

여러 가지 도형
- 원, 삼각형, 사각형 알아보기
- 꼭짓점, 변 알기
- 오각형, 육각형 알아보기

1-2-3

원의 넓이
- 원주와 원주율
- 원의 넓이 어림하기
- 원의 넓이 구하기

3-2-3

여러 가지 모양
- □, △, ○ 모양 찾기
- □, △, ○ 모양 분류하기
- □, △, ○ 모양으로 여러 가지 모양 꾸미기

2-1-2

원
- 여러 가지 방법으로 원 그리기
- 원의 중심, 반지름, 지름 알아보기
- 원의 성질 알아보기
- 규칙에 따라 원을 이용한 무늬 그리기
- 원을 이용한 모양의 규칙 찾기

6-1-5

스스로 계획 짜기

1일차
_____월
_____일

2일차
_____월
_____일

3일차
_____월
_____일

4일차
_____월
_____일

5일차
_____월
_____일

6일차
_____월
_____일

7일차
_____월
_____일

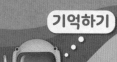

기억하기

1-2
여러 가지
물건 관찰하여
원 모양 찾기

2-1
여러 가지 크기의
원 모양 본떠 그리기

2-1
원을 이용하여
모양 꾸미기

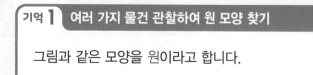

그림과 같은 모양을 원이라고 합니다.

1 원 모양을 모두 찾아 ○표 해 보세요.

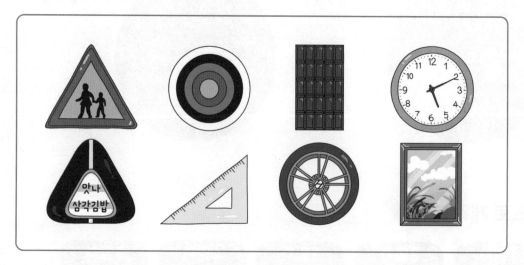

2 원을 모두 찾아 ○표 해 보세요.

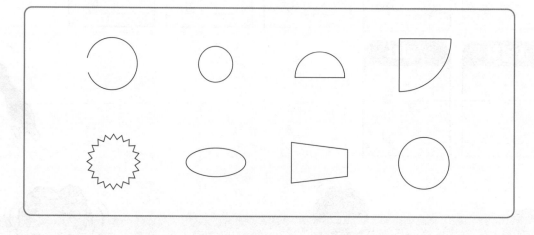

주변에서 다음과 같은 물건들로 원을 그릴 수 있습니다.

3 주변에 있는 물건이나 모양자를 이용하여 크기가 다른 원을 3개 그려 보세요.

기억 3 원을 이용하여 모양 꾸미기

원을 이용하여 여러 가지 그림을 그릴 수 있습니다.

4 원을 이용하여 그림을 그려 보세요.

원을 어떻게 그릴까요?

1 우리 주변에서 다양한 원 모양을 볼 수 있습니다. 원을 그리는 방법을 자유롭게 설명해 보세요.

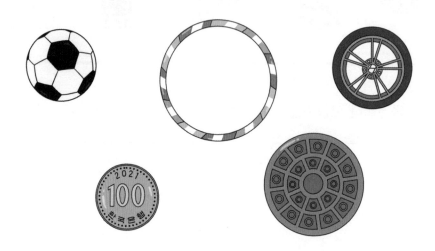

2 다양한 방법으로 원을 그리고 물음에 답하세요.

(1) 연필을 이용하여 정사각형 안에 꽉 차는 원을 그리고 그린 방법을 설명해 보세요.

(2) 연필과 자를 이용하여 정사각형 안에 꽉 차는 원을 그리고 그린 방법을 설명해 보세요.

(3) (1)과 (2) 중 원을 그리기에 더 적합한 방법은 무엇인가요?

(4) 정사각형 안에 꽉 차는 원을 더 잘 그릴 수 있는 방법을 생각하여 써 보세요.

원의 구성 요소와 정확한 원 그리기

1 종이를 이용하여 원을 그리려고 합니다. 그림과 같은 방법으로 띠 종이를 만들어서 다양한 크기의 원을 그려 보세요. 직사각형 모양의 종이, 자, 누름 못을 준비해서 만들어 보세요.

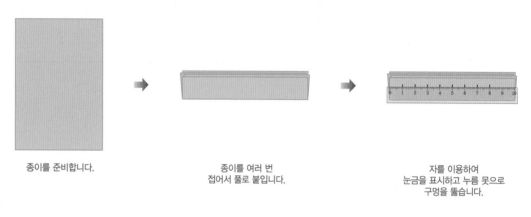

종이를 준비합니다.

종이를 여러 번
접어서 풀로 붙입니다.

자를 이용하여
눈금을 표시하고 누름 못으로
구멍을 뚫습니다.

개념 정리 원에 대해 알 수 있어요

- 종이를 이용해 원을 그릴 때 누름 못이 꽂혔던 점 ㅇ을 원의 중심이라고 합니다.
- 원의 중심 ㅇ과 원 위의 한 점을 이은 선분을 원의 반지름이라고 합니다.
- 원 위의 두 점을 이은 선분이 원의 중심 ㅇ을 지날 때, 이 선분을 원의 지름이라고 합니다.

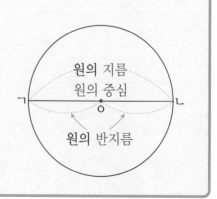

2 컴퍼스를 이용하여 반지름이 2 cm인 원을 그려 보세요.

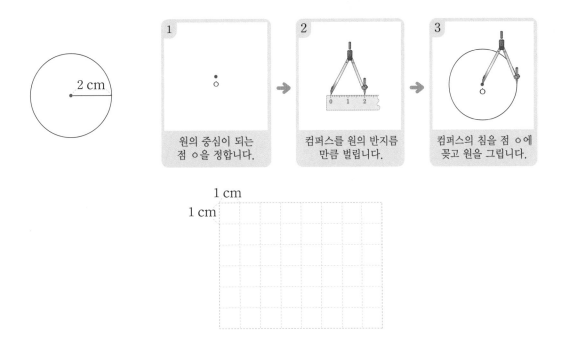

1 원의 중심이 되는 점 ㅇ을 정합니다.

2 컴퍼스를 원의 반지름 만큼 벌립니다.

3 컴퍼스의 침을 점 ㅇ에 꽂고 원을 그립니다.

1 cm
1 cm

3 자전거 바퀴의 빨간색 부분을 컴퍼스를 이용하여 똑같이 그리고 □안에 알맞은 말을 써넣으세요

선분 ㅇㄱ과 선분 ㅇㄴ은 원의 [   ]이고, 선분 ㄱㄴ은 원의 [   ]입니다.

길이가 주어진 원 그리기

1 주어진 원과 똑같이 그려 보세요.

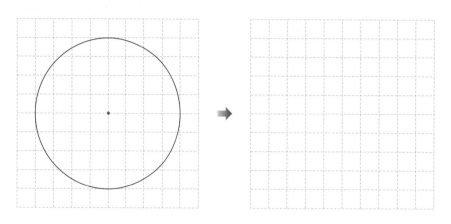

2 원의 중심을 표시하고, 모눈의 눈금 한 칸이 1 cm라고 할 때 원의 반지름과 지름의 길이는 몇 cm인지 구해 보세요.

반지름 (   )

지름 (   )

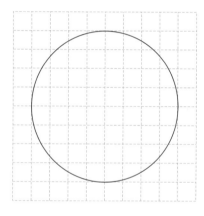

3 반지름이 5 cm인 원을 그려 보세요.

1 cm
1 cm

4 주어진 조건에 맞는 원을 그려 보세요.

(1) 지름이 8 cm인 원

(2) 반지름이 3 cm인 원

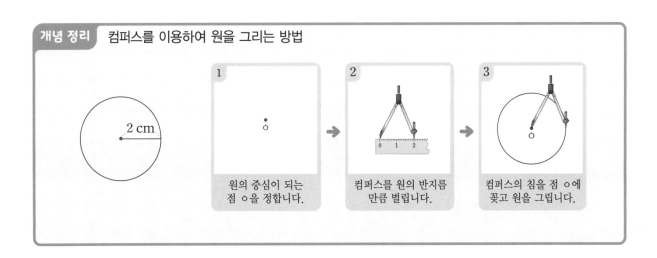

개념 정리　컴퍼스를 이용하여 원을 그리는 방법

	1	2	3
2 cm	원의 중심이 되는 점 ㅇ을 정합니다.	컴퍼스를 원의 반지름 만큼 벌립니다.	컴퍼스의 침을 점 ㅇ에 꽂고 원을 그립니다.

자동차 바퀴가 원이 아니라면 어떻게 될까요?

 자동차와 자전거의 바퀴를 보고 물음에 답하세요.

(1) 자전거의 바퀴가 다음과 같은 모양이라면 어떤 일이 생길지 자신의 생각을 써 보세요.

(2) 자동차와 자전거의 바퀴는 왜 원 모양일까요? 자신의 생각을 써 보세요.

여러 가지 훌라후프를 보고 물음에 답하세요.

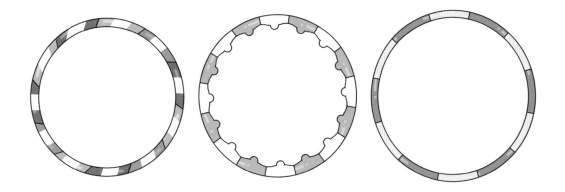

(1) 훌라후프는 어떻게 쓰이나요?

(2) 훌라후프는 어떤 모양인가요?

(3) 훌라후프가 위와 같은 모양이 아니라면 어떤 일이 생길까요?

(4) 훌라후프가 위와 같은 모양인 이유를 써 보세요.

원의 성질

1 색종이에 지름이 3 cm인 원을 그려서 선을 따라 자른 다음 원의 중심을 표시하고, 원을
다음과 같이 정확히 반으로 접어 보세요. 색종이, 컴퍼스, 가위를 준비해서 만들어 보세요.

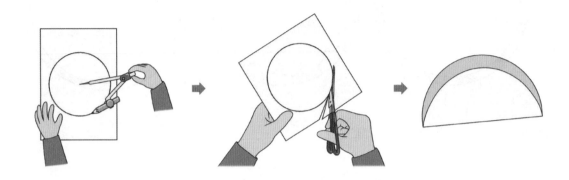

(1) 반을 접은 선이 원의 중심을 지나나요?

(2) 지름을 따라 원을 자른 다음 잘린 두 반원을 겹치면 어떻게 될까요?

(3) 원 안에 선분을 여러 개 그리고 원의 지름보다 긴 선분을 찾아보세요.

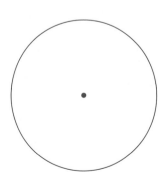

(4) 원 안에 다음과 같이 지름을 최대한 많이 그리고 몇 개나 그릴 수 있는지 설명해 보세요.

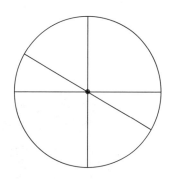

 2 문제 **1**의 활동을 통해 알게 된 사실을 써 보세요.

(1) 원의 지름은 원을 똑같이 둘로 나눕니다.

(2) 원의 지름은 원의 중심을 _____.

(3) 지름의 길이는 반지름의 길이의 _____.

(4) 원의 지름은 원 안에 그릴 수 있는 _____.

(5) 원의 지름의 수는 _____.

개념 정리 **원의 성질**

① 원의 지름은 원을 똑같이 둘로 나눕니다.
② 원의 지름은 원 안에 그릴 수 있는 가장 긴 선분입니다.
③ 원의 지름은 무수히 많이 그릴 수 있습니다.
④ 한 원에서 지름의 길이는 반지름의 길이의 2배입니다.

그림을 보고 물음에 답하세요.

ㄱ

ㄴ

ㄷ

ㄹ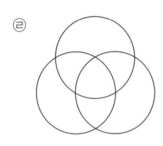

ㅁ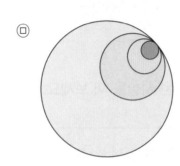

(1) 위의 그림에 어떤 특징이 있는지 설명해 보세요.

(2) 각각의 모양을 어떻게 그렸을지 자유롭게 설명해 보세요.

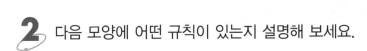

2 다음 모양에 어떤 규칙이 있는지 설명해 보세요.

(1)

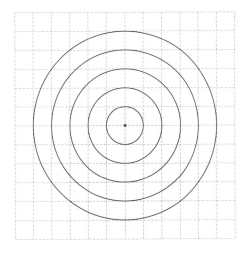

(2)

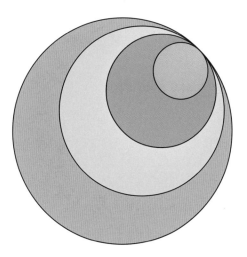

다양한 그림 그리기

 과녁을 보고 물음에 답하세요.

(1) 위의 과녁 그림에 어떤 규칙이 있는지 설명해 보세요.

(2) 찾은 규칙에 따라 컴퍼스를 이용하여 위와 같은 모양을 그려 보세요.

(3) 규칙을 정하여 위와 다른 나만의 과녁을 그리고 규칙을 설명해 보세요.

규칙

 다음과 같은 모양을 그린 방법을 알아보세요.

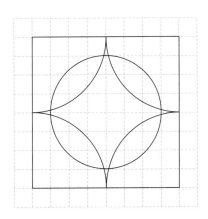

(1) 위와 같은 모양을 그리려면 컴퍼스를 몇 번 사용해야 할까요?

(2) 컴퍼스 침을 꽂아야 하는 부분을 표시해 보세요.

(3) 모눈 한 칸의 길이가 1 cm일 때, 각각의 원의 반지름은 몇 cm일까요?

(4) 주어진 모양과 똑같이 그려 보세요.

3 주어진 모양과 똑같이 그려 보세요.

(1)

(2)

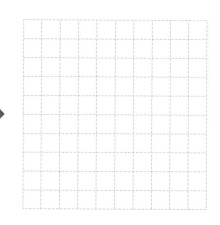

4 자와 컴퍼스를 사용하여 원을 이용한 나만의 모양을 그려 보세요.

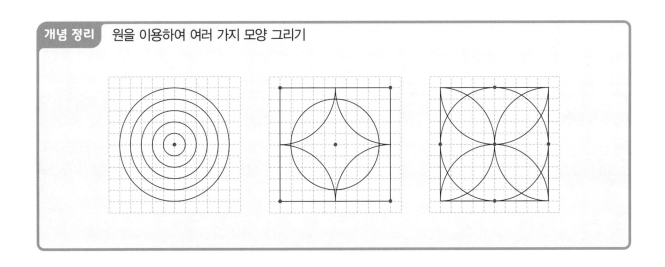

원

원을 그리고 성질을 써 보세요.

1 원을 그리고 원의 중심과 지름, 반지름을 표시해 보세요.

2 원의 성질을 아는 대로 모두 써 보세요.

개념 연결 원을 찾고, 그려 보세요.

주제	
원 모양 관찰하기	원을 모두 찾아 ○표 해 보세요.
원 그리기	연필만 사용하여 크기가 다른 원을 3개 그려 보세요.

1 다양한 도구를 사용하여 원을 그리는 여러 가지 방법을 친구에게 편지로 설명해 보세요.

1 상자에 반지름이 6 cm인 원 모양의 양초가 4개 들어 있습니다. 상자의 가로와 세로는 각각 몇 cm인지 구하고 다른 사람에게 설명해 보세요.

2 원의 중심을 찾아 표시한 후 지름과 반지름을 각각 3개씩 그리고 다른 사람에게 설명해 보세요.

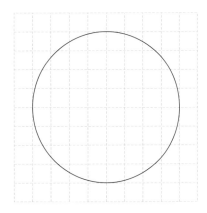

원은 이렇게 연결돼요

원 알아보기

원의 중심, 반지름, 지름 알아보기

원주와 원주율

원의 넓이

1 원의 지름은 몇 cm인가요?

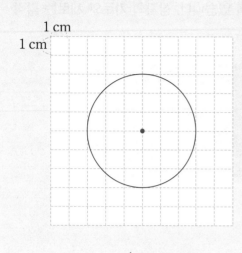

1 cm
1 cm

(   )

2 원의 중심을 찾아 점을 찍어 보세요.

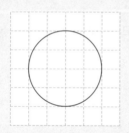

3 지름이 4 cm인 원을 그려 보세요.

4 지름이 가장 긴 원부터 차례대로 기호를 써 보세요.

㉠ 지름 4 cm		㉡ 반지름 6 cm
㉢ 지름 7 cm		㉣ 반지름 1 cm

(   )

5 원의 성질에 대한 설명이 <u>틀린</u> 것은 어느 것 인가요? (   )

① 반지름은 지름의 2배입니다.

② 지름은 원을 둘로 똑같이 나눕니다.

③ 한 원에 지름은 무수히 많습니다.

④ 한 원에서 지름은 반지름의 2배입니다.

⑤ 지름은 원 안에 그을 수 있는 가장 긴 선 분입니다.

6 가장 큰 원의 지름은 몇 cm인가요?

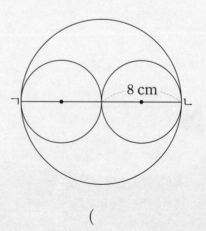

8 cm

ㄱ   ㄴ

(   )

7 ☐ 안에 알맞은 말을 써넣으세요.

한 원 안에서 지름의 길이는 모두

☐ .

8 컴퍼스를 이용하여 반지름이 4 cm인 원을 그리려고 합니다. 순서에 맞게 차례대로 기호를 써 보세요.

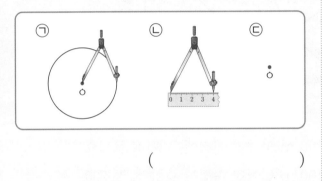

( )

9 원의 지름과 반지름은 각각 몇 cm인가요?

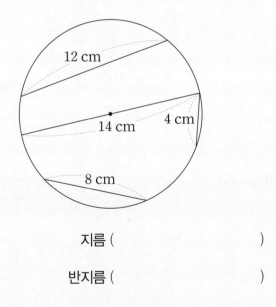

지름 ( )

반지름 ( )

10 원의 반지름이 1 cm일 때, ㉠의 길이는 몇 cm인지 구해 보세요.

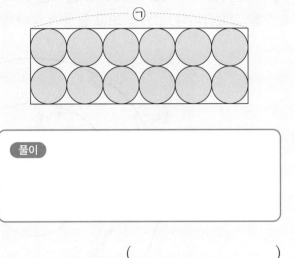

풀이

( )

11 바다는 나만의 규칙을 정하여 원을 그렸습니다. 가장 큰 원의 지름이 40 cm일 때, 가장 작은 원의 지름은 몇 cm인지 구해 보세요.

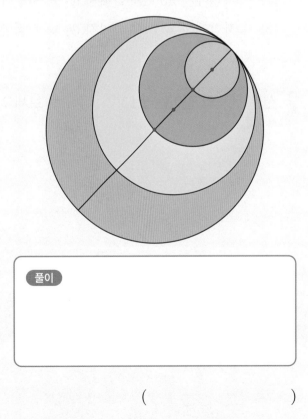

풀이

( )

1 서울특별시의 지도에 600 m 떨어진 두 지점 ㄱ, ㄴ을 중심으로 반지름의 길이가 200 m씩 커지는 원을 그렸습니다. 그림을 보고 물음에 답하세요.

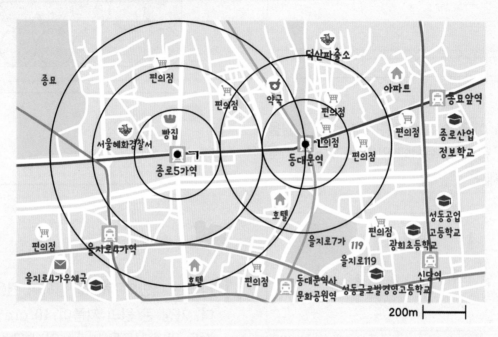

(1) ㄱ 지점에서 400 m 떨어지고, ㄴ 지점에서 200 m 떨어진 지점에 ○표 해 보세요.

(2) ㄱ 지점에서 200 m 떨어지고, ㄴ 지점에서 400 m 떨어진 지점에 ☆표 해 보세요.

2 선분 ㄱㄴ의 길이는 몇 cm인지 구해 보세요.

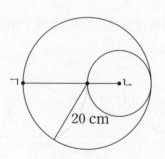

(   )

3 원 안에 있는 삼각형의 세 변의 길이의 합은 33 cm입니다.
원의 지름은 몇 cm인가요?

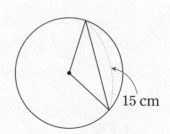

(   )

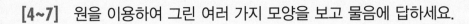

[4~7] 원을 이용하여 그린 여러 가지 모양을 보고 물음에 답하세요.

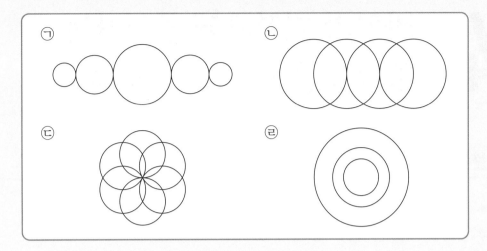

4 반지름이 같고, 원의 중심을 옮겨 가며 그린 모양을 모두 찾아 기호를 써 보세요.

(   )

5 반지름이 다르고, 원의 중심을 옮겨 가며 그린 모양을 모두 찾아 기호를 써 보세요.

(   )

6 원의 중심은 옮기지 않았지만, 반지름이 다른 모양을 모두 찾아 기호를 써 보세요.

(   )

7 컴퍼스로 위의 모양을 그릴 때 컴퍼스의 침을 꽂아야 하는 곳이 많은 것부터 차례로 기호를 써 보세요.

(   )

8 삼각형 ㅇㄱㄴ의 세 변의 길이의 합은 30 cm이고, 선분 ㄱㄴ의 길이는 12 cm입니다. 원의 반지름은 몇 cm인지 구해 보세요.

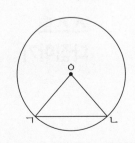

(   )

4 라면과 미역국에 들어가는 물의 양을 비교할 수 있나요?

분수

★ 전체에 대한 부분을 분수로 나타낼 수 있어요.

★ 진분수, 가분수, 대분수를 알 수 있어요.

★ 대분수를 가분수로, 가분수를 대분수로 나타낼 수 있어요.

★ 분모가 같은 분수의 크기를 비교할 수 있어요.

Check

**스스로
다짐하기**

☐ 정답을 맞히는 것도 중요하지만, 문제를 푼 과정을 설명하는 것도 중요해요.

☐ 새롭고 어려운 내용이 많지만, 꼼꼼하게 풀어 보세요.

☐ 스스로 과제를 해결하는 것이 힘들지만, 참고 이겨 내면 기분이 더 좋아져요.

꼬리에 꼬리를 무는 개념 ✦

소수
- 분모가 10인 진분수를 통하여 소수 개념 이해하기
- 자연수와 소수 이해하기
- 소수의 크기 비교하기

3-1-6

분수의 덧셈과 뺄셈
- 분모가 같은 진분수의 덧셈과 뺄셈하기
- 분모가 같은 대분수, 가분수의 덧셈과 뺄셈하기

3-2-4

분수
- 하나를 똑같이 나누는 것을 통해 분수 이해하기
- 전체와 부분의 관계를 분수로 나타내기
- 분모가 같은 진분수의 크기 비교하기
- 단위분수의 크기 비교하기

3-1-6

분수
- 전체에 대한 부분을 분수로 나타내기
- 진분수, 가분수, 대분수 이해하기
- 대분수를 가분수로, 가분수를 대분수로 나타내기
- 분모가 같은 분수의 크기 비교하기

4-2-1

스스로 계획 짜기 ✏️

1일차	2일차	3일차	4일차	5일차
____월 ____일	____월 ____일	____월 ____일	____월 ____일	____월 ____일

6일차	7일차	8일차	9일차
____월 ____일	____월 ____일	____월 ____일	____월 ____일

기억 **1** 분수의 뜻

• 부분 ■ 은 전체 ■□ 를 똑같이 2로 나눈 것 중의 1입니다. 전체를 똑같이 2로 나눈 것

중의 1을 $\frac{1}{2}$이라 쓰고 2분의 1이라고 읽습니다.

• 부분 ◗ 은 전체 ● 를 똑같이 3으로 나눈 것 중의 2입니다. 전체를 똑같이 3으로

나눈 것 중의 2를 $\frac{2}{3}$라 쓰고 3분의 2라고 읽습니다.

$$\frac{1}{2} \begin{array}{l} \leftarrow \text{분자} \\ \leftarrow \text{분모} \end{array} \qquad \frac{2}{3} \begin{array}{l} \leftarrow \text{분자} \\ \leftarrow \text{분모} \end{array}$$

1 색칠한 부분을 분수로 나타내고 읽어 보세요.

(1) □/□

읽기 _____

(2) 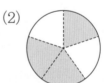 □/□

읽기 _____

(3) □/□

읽기 _____

2 주어진 분수만큼 색칠해 보세요.

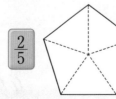 $\frac{2}{5}$

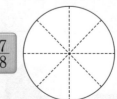 $\frac{7}{8}$

$\dfrac{3}{4}$ ➡ 전체를 똑같이 4로 나눈 것 중 3 ─┐
$\dfrac{2}{4}$ ➡ 전체를 똑같이 4로 나눈 것 중 2 ─┘ $\dfrac{3}{4} > \dfrac{2}{4}$

➡ 분모가 같은 분수는 분자가 큰 분수가 더 큽니다.

3. 두 분수의 크기를 비교하여 ○ 안에 >, =, <를 알맞게 써넣으세요.

(1) $\dfrac{2}{5}$ ○ $\dfrac{4}{5}$

(2) $\dfrac{3}{6}$ ○ $\dfrac{5}{6}$

(3) $\dfrac{7}{9}$ ○ $\dfrac{6}{9}$

(4) $\dfrac{4}{8}$ ○ $\dfrac{1}{8}$

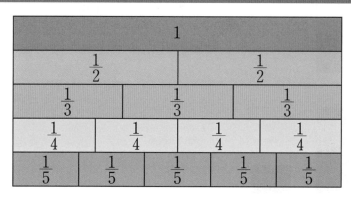

- 분수 중에서 $\dfrac{1}{2}$, $\dfrac{1}{3}$, $\dfrac{1}{4}$, $\dfrac{1}{5}$ ……과 같이 분자가 1인 분수를 단위분수라고 합니다.
- 단위분수의 크기를 비교할 때는 분모의 크기를 비교합니다. 분자가 1인 분수이므로 분모가 클수록 더 작습니다.

4. 두 단위분수의 크기를 비교하여 ○ 안에 >, =, <를 알맞게 써넣으세요.

(1) $\dfrac{1}{2}$ ○ $\dfrac{1}{3}$

(2) $\dfrac{1}{5}$ ○ $\dfrac{1}{8}$

컵에 담긴 음료수의 양을 어떻게 나타낼까요?

1 똑같은 크기의 컵에 여러 가지 음료수가 담겨 있습니다. 산이는 바다에게 음료수의 양이 각각 얼마인지 분수로 이야기하고 있습니다. 빈 곳에 알맞은 분수를 써넣고 이유를 설명해 보세요.

(1)
물은 (　　　)컵이야.

왜냐하면 (　　　　　　　　　　　　)이기 때문이야.

(2)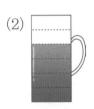
오렌지주스는 (　　　)컵이야.

왜냐하면 (　　　　　　　　　　　　)이기 때문이야.

(3)
포도주스는 (　　　)컵이야.

왜냐하면 (　　　　　　　　　)이기 때문이야.

(4)
콜라는 (　　　)컵이야.

왜냐하면 (　　　　　　　　　)이기 때문이야.

(5)
우유는 (　　　)컵이야.

왜냐하면 (　　　　　　　　　)이기 때문이야.

(6)
딸기주스는 (　　　)컵이야.

왜냐하면 (　　　　　　　　　)이기 때문이야.

바다는 컵에 담긴 음료수의 양을 카드에 적었습니다. 그림을 보고 물음에 답하세요.

(1) 바다는 여러 가지 분수를 분류하려고 합니다. 어떻게 분류하면 좋을지 써 보세요.

(2) 자신이 정한 기준에 따라 분수를 분류하여 써 보세요.

가분수와 대분수

1 바다와 산이는 함께 분수를 공부하고 있습니다. 물음에 답하세요.

바다: $\frac{5}{4}$는 $\frac{1}{4}$이 5개라는 거지? $1\frac{1}{4}$은 또 뭐야?

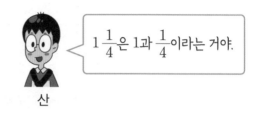

산: $1\frac{1}{4}$은 1과 $\frac{1}{4}$이라는 거야.

(1) 바다와 산이의 대화를 보고 분수만큼 색칠해 보세요.

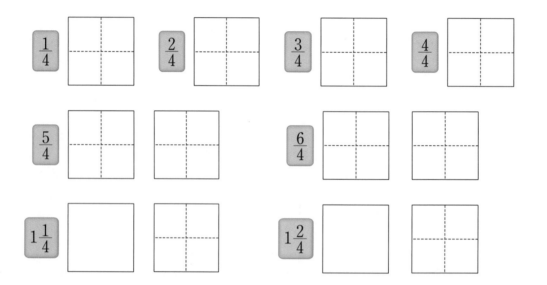

$\frac{1}{4}$ $\frac{2}{4}$ $\frac{3}{4}$ $\frac{4}{4}$

$\frac{5}{4}$ $\frac{6}{4}$

$1\frac{1}{4}$ $1\frac{2}{4}$

(2) (1)의 분수를 수직선에 나타내어 보세요.

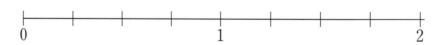

0   1   2

(3) 바다는 분수를 모습에 따라 분류하려고 합니다. 어떻게 분류하면 좋을지 써 보세요.

개념 정리 진분수, 가분수, 대분수

- $\dfrac{1}{4}$, $\dfrac{2}{4}$, $\dfrac{3}{4}$과 같이 분자가 분모보다 작은 분수를 진분수라고 합니다.

- $\dfrac{4}{4}$, $\dfrac{5}{4}$와 같이 분자가 분모와 같거나 분모보다 큰 분수를 가분수라고 합니다.

- $\dfrac{4}{4}$는 1과 같습니다. 1, 2, 3과 같은 수를 자연수라고 합니다.

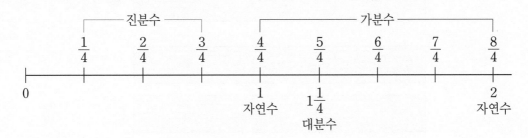

- 1과 $\dfrac{1}{4}$을 $1\dfrac{1}{4}$이라 쓰고, 1과 4분의 1이라고 읽습니다. $1\dfrac{1}{4}$과 같이 자연수와 진분수로 이루어진 분수를 대분수라고 합니다.

2 다음 분수들을 진분수, 가분수, 대분수로 분류해 보세요.

$$2\dfrac{4}{6} \qquad \dfrac{9}{7} \qquad 6\dfrac{1}{3} \qquad \dfrac{4}{5} \qquad \dfrac{5}{9} \qquad \dfrac{7}{4}$$

진분수

가분수

대분수

자연수의 가분수 표현

1 하늘이는 나무 막대를 잘라 미술 작품을 만들려고 합니다. 나무 막대를 여러 조각으로 똑같이 나누고 몇 등분했는지 써 보세요.

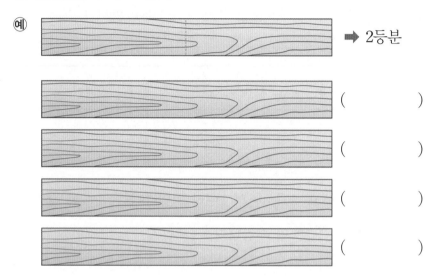

예   ➡️ 2등분

(   )

(   )

(   )

(   )

2 나무 막대 한 조각의 크기는 얼마인지 쓰고 1을 분수로 나타내어 보세요.

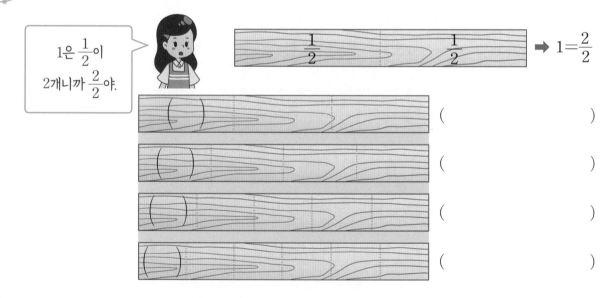

1은 $\frac{1}{2}$이 2개니까 $\frac{2}{2}$야.

➡️ $1 = \frac{2}{2}$

(   )

(   )

(   )

(   )

개념 정리   자연수를 가분수로 나타내기

분모와 분자가 같은 분수는 1과 같으므로 $1 = \frac{2}{2} = \frac{3}{3} = \frac{4}{4} = \frac{5}{5} = \cdots\cdots$로 나타낼 수 있습니다.

3 그림을 분수로 나타내고 하늘이와 같이 설명해 보세요.

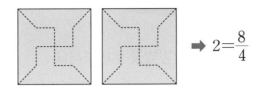

$$2 = \frac{8}{4}$$

하늘

1을 4등분했으므로 한 조각은 $\frac{1}{4}$이야.

2는 $\frac{1}{4}$이 8개니까 $\frac{8}{4}$로 나타낼 수 있어.

(1)

(   )

(2)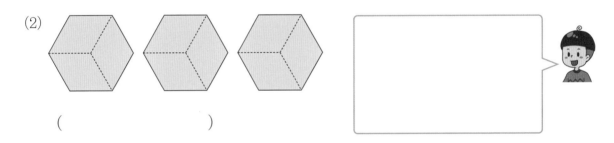

(   )

4 1과 크기가 같은 분수를 5개 써 보세요.

5 2와 크기가 같은 분수를 5개 써 보세요.

가분수를 대분수로, 대분수를 가분수로 고치기

 가분수 $\dfrac{13}{5}$을 대분수로 나타내는 방법을 알아보세요.

(1) 가분수 $\dfrac{13}{5}$만큼 색칠해 보세요.

(2) 그림에서 얼마를 자연수로 나타낼 수 있을지 쓰고 그렇게 생각한 이유를 설명해 보세요.

(3) 바다는 가분수 $\dfrac{13}{5}$을 대분수 $1\dfrac{8}{5}$로 나타내었습니다. 바다는 가분수를 대분수로 바르게 나타내었는지 설명해 보세요.

(4) $\dfrac{13}{5}$을 이루고 있는 자연수와 진분수를 구하여 대분수로 나타내어 보세요.

개념 정리 가분수를 대분수로 나타내기

가분수를 대분수로 나타낼 때 가분수에서 자연수로 표현되는 부분은 자연수로 나타내고 나머지 부분은 진분수로 나타냅니다.

$$\frac{20}{6} = 3\frac{2}{6}$$

2 대분수 $3\frac{3}{4}$을 가분수로 나타내는 방법을 알아보세요.

(1) 대분수 $3\frac{3}{4}$만큼 색칠해 보세요.

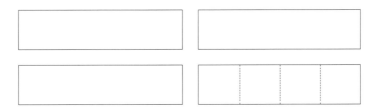

(2) $3\frac{3}{4}$에서 자연수 3을 그림을 이용하여 분수로 나타내어 보세요.

(3) $3\frac{3}{4}$을 가분수로 나타내어 보세요.

개념 정리 대분수를 가분수로 나타내기

대분수를 가분수로 나타낼 때 자연수를 가분수로 나타낸 다음 가분수와 진분수에서 단위분수가 몇 개인지 세어 봅니다. 분모는 그대로 두고, 단위분수가 모두 몇 개인지 세어 분자에 씁니다.

$$2\frac{3}{5}=\frac{13}{5}$$

3 가분수는 대분수로, 대분수는 가분수로 나타내어 보세요.

(1) $\frac{23}{5}$

(2) $\frac{37}{6}$

(3) $3\frac{3}{4}$

(4) $4\frac{2}{5}$

라면과 미역국에 들어가는 물의 양을 비교할 수 있나요?

[1~5] 음식을 맛있게 조리하기 위해서는 물의 양이 정확해야 합니다. 산이는 작은 생수병을 기준으로 맛있는 음식을 조리하는 데 필요한 물의 양을 다음과 같이 조사했어요.

라면: $1\frac{1}{10}$병　　　미역국: $\frac{12}{10}$병

짬뽕: $1\frac{4}{10}$병　　　떡볶이: $\frac{11}{10}$병

1 라면과 짬뽕 중 물을 더 많이 넣어야 하는 음식은 어느 것인지 그 이유를 써 보세요.

2 미역국과 떡볶이 중 물을 더 많이 넣어야 하는 음식은 어느 것인지 그 이유를 써 보세요.

3 라면과 미역국에 들어가는 물의 양을 비교할 수 있는 방법을 생각하여 비교해 보세요.

4 문제 **3**에서 생각한 방법으로 짬뽕과 떡볶이에 들어가는 물의 양을 2가지 방법으로 비교해 보세요.

5 산이가 김치찌개를 끓이는 데 사용한 물의 양은 미역국의 물의 양보다 많고, 짬뽕의 물의 양보다 적습니다. 산이가 김치찌개를 끓이는 데 사용한 물의 양으로 적당한 것에 ○표 하고 그 이유를 써 보세요.

6 분모가 같은 대분수와 가분수의 크기를 비교하는 방법을 써 보세요.

가분수의 크기 비교, 대분수의 크기 비교

1 강이와 산이는 체육 시간에 멀리뛰기를 했습니다. 강이는 $\frac{6}{5}$ m, 산이는 $\frac{8}{5}$ m를 뛰었습니다. 물음에 답하세요.

(1) $\frac{6}{5}$과 $\frac{8}{5}$만큼 색칠해 보세요.

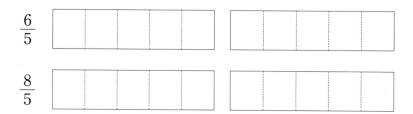

(2) 강이와 산이가 뛴 거리만큼 수직선에 나타내어 보세요.

(3) 강이와 산이 중 누가 더 멀리 뛰었는지 쓰고 그렇게 생각한 이유를 설명해 보세요.

(4) 분모가 같은 가분수의 크기를 비교하는 방법을 써 보세요.

2 두 가분수의 크기를 비교하여 ○ 안에 >, =, <를 알맞게 써넣으세요.

(1) $\frac{5}{3}$ ○ $\frac{8}{3}$

(2) $\frac{13}{7}$ ○ $\frac{23}{7}$

(3) $\frac{12}{5}$ ○ $\frac{9}{5}$

(4) $\frac{16}{9}$ ○ $\frac{15}{9}$

3 색종이를 하늘이는 $2\dfrac{7}{8}$장, 바다는 $3\dfrac{5}{8}$장 가지고 있습니다. 물음에 답하세요.

(1) 하늘이와 바다가 가진 색종이를 그림으로 나타내어 보세요.

(2) 색종이를 누가 더 많이 가지고 있는지 쓰고 그렇게 생각한 이유를 설명해 보세요.

(3) 분모가 같은 대분수의 크기를 비교하는 방법을 써 보세요.

4 두 대분수의 크기를 비교하여 ○ 안에 >, =, <를 알맞게 써넣으세요.

(1) $2\dfrac{2}{6}$ ○ $4\dfrac{1}{6}$

(2) $3\dfrac{2}{5}$ ○ $3\dfrac{4}{5}$

(3) $8\dfrac{6}{7}$ ○ $6\dfrac{4}{7}$

(4) $5\dfrac{2}{4}$ ○ $5\dfrac{3}{4}$

개념 정리 가분수끼리, 대분수끼리의 크기 비교

• 분모가 같은 가분수끼리의 크기 비교에서는 분자의 크기가 큰 가분수가 더 큽니다.
• 분모가 같은 대분수끼리의 크기 비교에서는 먼저 자연수의 크기를 비교하고,
  자연수의 크기가 같으면 분자의 크기를 비교하여 더 큰 수를 구합니다.

가분수와 대분수의 크기 비교

1 미술 시간에 도화지를 강이는 $2\frac{1}{4}$장, 하늘이는 $\frac{10}{4}$장 사용했습니다. 도화지를 누가 더 많이 사용했는지 알아보세요.

(1) $2\frac{1}{4}$과 $\frac{10}{4}$을 비교하는 방법을 써 보세요.

(2) 강이와 하늘이가 사용한 도화지의 양만큼을 그림으로 나타내어 보세요.

(3) 도화지를 누가 더 많이 사용했는지 쓰고 그렇게 생각한 이유를 설명해 보세요.

(4) 대분수와 가분수의 크기를 비교하는 방법을 써 보세요.

2 대분수와 가분수의 크기를 비교하여 ○ 안에 >, =, <를 알맞게 써넣으세요.

(1) $1\frac{3}{5}$ ○ $\frac{7}{5}$

(2) $3\frac{1}{7}$ ○ $\frac{22}{7}$

(3) $1\frac{4}{8}$ ○ $\frac{15}{8}$

(4) $5\frac{5}{6}$ ○ $\frac{20}{6}$

(5) $\frac{19}{4}$ ○ $5\frac{1}{4}$

(6) $\frac{20}{9}$ ○ $2\frac{2}{9}$

3 두 분수의 크기를 비교하여 더 큰 분수를 빈 곳에 써넣으세요.

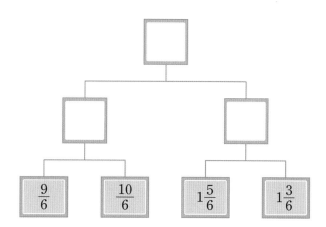

개념 정리 | 가분수와 대분수의 크기 비교

분모가 같은 가분수와 대분수의 크기 비교에서는 분수를 가분수 또는 대분수로 통일하여 크기를 비교합니다.

4개는 8개의 몇 분의 몇인가요?

 비아마트에서 배 6개를 1개씩, 사과 8개를 2개씩, 키위 12개를 3개씩 팩에 나누어 담아 판매하고 있습니다. 물음에 답하세요.

(1) 배, 사과, 키위를 팩에 나누어 담은 수만큼 묶어 보세요.

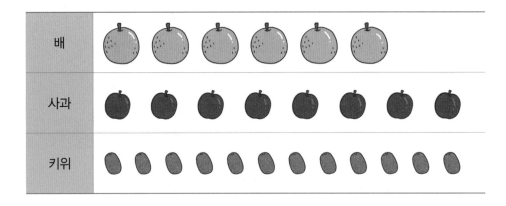

(2) 배 1개는 배 전체의 몇 분의 몇인가요? 그렇게 생각한 이유를 써 보세요.

(3) 사과 4개는 사과 전체의 몇 분의 몇인가요? 그렇게 생각한 그 이유를 써 보세요.

(4) 키위 9개는 키위 전체의 몇 분의 몇인가요? 그렇게 생각한 이유를 써 보세요.

2 다음 날 비아마트에서 배 6개를 팩 2개에, 사과 8개를 팩 4개에, 키위 12개를 팩 6개에 똑같이 나누어 담아 판매했습니다. 강이는 배 1팩과 사과 3팩을 사고, 산이는 키위 2팩을 샀습니다. 물음에 답하세요.

(1) 배, 사과, 키위를 팩에 나누어 담은 수만큼 묶어 보세요.

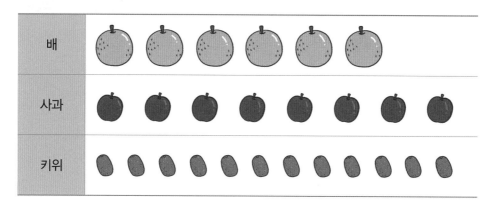

(2) 강이는 배 ☐팩 중 ☐팩을 샀습니다. 이것을 분수로 나타내면 ☐입니다.

(3) 강이는 사과 ☐팩 중 ☐팩을 샀습니다. 이것을 분수로 나타내면 ☐입니다.

(4) 강이가 산 배와 사과는 각각 몇 개인지 구하고 구한 방법을 설명해 보세요.

(5) 산이는 키위 ☐팩 중 ☐팩을 샀습니다. 이것을 분수로 나타내면 ☐입니다.

(6) 산이가 산 키위는 모두 몇 개인지 구하고 구한 방법을 설명해 보세요.

전체의 몇 분의 몇

1 전체를 똑같이 한 개씩 묶었습니다.
그림을 보고 물음에 답하세요.

(1) 사과 전체는 몇 개인가요? ( )

(2) 사과 1묶음은 몇 개인가요? ( )

(3) 사과 1묶음은 전체의 몇 분의 몇인가요? ( )

2 색칠한 부분을 분수로 나타내어 보세요.

(1) ( )

(2) ( )

3 사탕 12개를 똑같이 나누었을 때 색칠한 부분은 전체의 몇 분의 몇인지 알아보세요.

(1) 색칠한 부분은 전체를 똑같이 ☐ 묶음으로 나눈 것 중 ☐ 묶음이므로 전체의 ☐
입니다.

(2) 색칠한 부분은 전체를 똑같이 ☐ 묶음으로 나눈 것 중 ☐ 묶음이므로 전체의 ☐
입니다.

(3) 전체 묶음 수와 부분의 묶음 수를 분수로 나타낼 때 각각 무엇으로 나타내면 좋을까요?

전체 ( ), 부분 ( )

4 색칠한 부분을 분수로 나타내어 보세요.

(1)
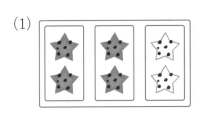

(   )

(2)
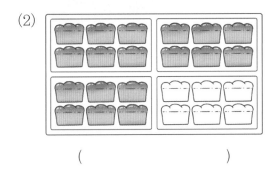

(   )

5 색칠한 부분을 알맞게 묶어 분수로 나타내어 보세요.

(1)

○ ○ ○ ○ ○
○ ○ ○ ○ ○
○ ○ ○ ○ ○
○ ○ ○ ○ ○
○ ○ ○ ○ ○

(   )

(2)

○ ○ ○ ○ ○ ○ ○
○ ○ ○ ○ ○ ○ ○
○ ○ ○ ○ ○ ○ ○
○ ○ ○ ○ ○ ○ ○

(   )

6 3개씩 묶고 9는 전체의 몇 분의 몇인지 설명해 보세요.

☆ ☆ ☆ ☆ ☆ ☆ ☆ ☆ ☆ ☆ ☆ ☆ ☆ ☆ ☆

개념 정리   전체의 몇 분의 몇

부분은 전체의 얼마인지 분수로 나타낼 때 전체는 분모에, 부분은 분자에 표현하므로

$\dfrac{(부분\ 묶음\ 수)}{(전체\ 묶음\ 수)}$ 와 같이 나타낼 수 있습니다.

➡ 전체를 똑같이 5묶음으로 나눈 것 중 2묶음은 $\dfrac{2}{5}$입니다.

24의 $\frac{1}{3}$

1 우리 반 학생 24명 중 $\frac{1}{3}$은 남학생, $\frac{2}{3}$는 여학생입니다. 물음에 답하세요.

(1) 남학생 수를 구하려면 전체를 몇 묶음으로 똑같이 나누어야 하는지 설명해 보세요.

(2) 24를 3묶음으로 똑같이 나누어 보세요.

(3) 3묶음으로 나눈 것 중 1묶음은 [ ], 2묶음은 [ ]입니다.

(4) 24의 $\frac{1}{3}$은 [ ]이고, $\frac{2}{3}$는 [ ]입니다.

(5) 우리 반 남학생과 여학생 수는 각각 몇 명인가요?

남학생 (   )

여학생 (   )

2 8의 $\frac{3}{4}$만큼은 얼마인지 그림으로 나타내고 설명해 보세요.

3 16의 $\frac{2}{4}$와 16의 $\frac{3}{8}$만큼은 얼마인지 그림으로 나타내고 설명해 보세요.

4 똑같은 길이의 나무 막대 4개를 이어 붙인 길이는 16 cm입니다. 나무 막대 한 개의 길이는 얼마인지 알아보세요.

(1) 눈금에 알맞은 길이를 표시하고 전체의 $\frac{1}{4}$만큼 색칠해 보세요.

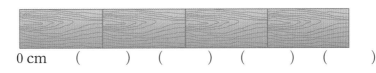

0 cm   (   )   (   )   (   )   (   )

(2) 16 cm의 $\frac{1}{4}$은 몇 cm인가요?

(   )

5 6 cm의 $\frac{2}{3}$만큼은 얼마인지 그림으로 나타내고 설명해 보세요.

0 cm   6 cm

개념 정리 분수만큼은 얼마인지 알아보기

• 6의 $\frac{1}{3}$은 6을 3묶음으로 묶은 것 중 1묶음이므로 2입니다.

• 8의 $\frac{2}{4}$는 8을 4묶음으로 묶은 것 중 2묶음이므로 4입니다.

분수

스스로 정리 분수의 뜻을 쓰고 크기를 비교해 보세요.

1 주어진 분수의 뜻을 예를 들어 설명해 보세요.

(1) 진분수

(2) 가분수

(3) 대분수

2 $3\frac{2}{5}$와 $\frac{18}{5}$의 크기를 비교하는 방법을 설명해 보세요.

개념 연결 분수의 뜻을 쓰고 크기를 비교해 보세요.

주제	뜻을 쓰고 크기 비교하기	
분수	(1) 분수 $\frac{1}{2}$의 뜻을 써 보세요.	(2) 분수 $\frac{2}{3}$의 뜻을 써 보세요.
분수의 크기 비교	두 분수만큼 색칠하고 ○ 안에 >, =, <를 알맞게 써넣으세요. $\frac{3}{4}$ ○ $\frac{2}{4}$	

1 카드 20장의 $\frac{3}{5}$은 몇 장인지 구하는 과정을 친구에게 편지로 설명해 보세요.

1 쿠폰이 36장 있습니다. 강이는 $\frac{1}{4}$만큼, 산이는 $\frac{2}{9}$만큼 가졌고, 나머지는 바다가 가졌습니다. 누가 가장 많이 가졌는지 구하고 어떻게 구했는지 설명해 보세요.

2 □ 안에 들어갈 수 있는 자연수를 모두 구하고 어떻게 구했는지 설명해 보세요.

$$\frac{9}{5} > 1\frac{\square}{5}$$

분수는 이렇게 연결돼요

3-1
분수와 소수

3-2
분수

4-2
분모가 같은
분수의 덧셈과
뺄셈

5-1
분모가 다른
분수의 덧셈과
뺄셈

105

1 주어진 분수를 진분수, 가분수, 대분수로 분류해 보세요.

$$\frac{4}{9} \qquad 1\frac{3}{4} \qquad 3\frac{1}{9} \qquad \frac{17}{6} \qquad \frac{2}{3}$$

$$6\frac{3}{5} \qquad \frac{15}{7} \qquad \frac{7}{11} \qquad \frac{40}{9}$$

진분수 (   )

가분수 (   )

대분수 (   )

2 수 카드를 한 번씩만 사용하여 진분수, 가분수, 대분수를 하나씩 만들어 보세요.

| 1 | 2 | 3 | 4 | 5 | 6 | 7 |

진분수 (   )

가분수 (   )

대분수 (   )

3 분모가 5인 진분수를 모두 써 보세요.

(   )

4 다음 대분수의 □ 안에 들어갈 수 없는 수는 무엇인가요? (   )

$$4\frac{\square}{7}$$

① 1   ② 2   ③ 3   ④ 5   ⑤ 8

5 대분수를 가분수로, 가분수를 대분수로 나타내어 보세요.

(1) $1\frac{5}{6}$ 　　　　 (2) $3\frac{2}{7}$

(3) $2\frac{3}{5}$ 　　　　 (4) $\frac{25}{8}$

(5) $\frac{8}{3}$ 　　　　 (6) $\frac{24}{4}$

6 두 분수의 크기를 비교하여 ○ 안에 >, =, <를 알맞게 써넣으세요.

(1) $\dfrac{21}{9}$ ◯ $\dfrac{23}{9}$

(2) $3\dfrac{2}{7}$ ◯ $4\dfrac{5}{7}$

(3) $2\dfrac{5}{8}$ ◯ $2\dfrac{3}{8}$

(4) $\dfrac{23}{5}$ ◯ $4\dfrac{3}{5}$

7 가장 큰 분수부터 순서대로 써 보세요.

$$3\dfrac{2}{6} \qquad \dfrac{25}{6} \qquad \dfrac{19}{6}$$

( )

8 색칠한 부분을 분수로 나타내어 보세요.

(1) ◉ ◯ ◯ ◯

( )

(2) ▲ ▲ ▲ △ △
    ▲ ▲ ▲ △ △

( )

9 그림을 보고 ☐ 안에 알맞은 수를 써넣으세요.

(1)

24의 $\dfrac{3}{8}$은 ☐ 입니다.

(2)
```
0    7   14   21   28   35(cm)
```

35 cm의 $\dfrac{2}{5}$는 ☐ cm입니다.

10 ☐ 안에 알맞은 분수를 모두 구해 보세요.

(1) 4는 12의 ☐ 입니다.

( )

(2) 8은 24의 ☐ 입니다.

( )

11 하늘이는 쿠키 30개 중에서 $\dfrac{3}{5}$만큼을 먹었습니다. 남은 쿠키는 몇 개인가요?

풀이

( )

107

1 주어진 조건을 만족하는 분수를 구해 보세요.

> • 대분수입니다.   • 2보다 크고 3보다 작습니다.
>
> • 분모는 11입니다.   • 분모와 분자의 합은 18입니다.

(   )

2 체육 시간에 공 던지기를 했습니다. 나은이의 기록은 $5\frac{3}{4}$m, 승재의 기록은 $\frac{21}{4}$m, 민서의 기록은 $\frac{25}{4}$m일 때 공을 멀리 던진 친구부터 차례대로 이름을 써 보세요.

풀이

(   )

3 ㉠~㉣의 값을 구하여 큰 것부터 차례대로 기호를 써 보세요.

> • 15를 3씩 묶으면 9는 $\frac{㉠}{5}$입니다.   • 15를 5씩 묶으면 10은 $\frac{㉡}{3}$입니다.
>
> • 20을 4씩 묶으면 16은 $\frac{㉢}{5}$입니다.   • 20을 2씩 묶으면 10은 $\frac{5}{㉣}$입니다.

풀이

(   )

4 □ 안에 들어갈 수 있는 수를 모두 구해 보세요.

$$\frac{26}{7} < \square\frac{6}{7} < 6\frac{2}{7}$$

(   )

5 동혁이는 오늘 수학 공부를 $1\frac{4}{6}$시간, 국어 공부를 $\frac{8}{6}$시간 했습니다. 어떤 과목 공부를 몇 분 더 했는지 구해 보세요.

> 풀이

(,   )

6 우유 36개 중 $\frac{3}{9}$은 초코우유, $\frac{3}{6}$은 딸기우유, 나머지는 바나나우유입니다. 초코우유, 딸기우유, 바나나우유는 각각 몇 개인지 구해 보세요.

> 풀이

초코우유 (   ), 딸기우유 (   ), 바나나우유 (   )

7 어떤 수의 $\frac{3}{5}$은 18입니다. 어떤 수의 $\frac{2}{6}$는 얼마인지 구해 보세요.

> 풀이

(   )

5 어느 통에 더 많이 들어 있을까요?

들이와 무게

* 들이와 무게를 비교할 수 있어요.
* 들이와 무게의 단위를 이해할 수 있어요.
* 들이와 무게를 단명수와 복명수로 나타낼 수 있어요.
* 들이와 무게를 어림하고 잴 수 있어요.
* 들이와 무게의 덧셈과 뺄셈을 할 수 있어요.

 Check

**스스로
다짐하기**

☐ 정답을 맞히는 것도 중요하지만, 문제를 푼 과정을 설명하는 것도 중요해요.

☐ 새롭고 어려운 내용이 많지만, 꼼꼼하게 풀어 보세요.

☐ 스스로 과제를 해결하는 것이 힘들지만, 참고 이겨 내면 기분이 더 좋아져요.

꼬리에 꼬리를 무는 개념 ✦

비교하기
- 구체물의 길이, 들이, 무게, 넓이 비교하기
- '길다, 짧다', '많다, 적다', '무겁다, 가볍다', '넓다, 좁다' 구별하기

수의 범위와 어림하기
- 이상과 이하 알아보기
- 초과와 미만 알아보기
- 이상, 이하, 초과, 미만 활용하기
- 올림, 버림, 반올림의 의미를 알고 활용하기

누리과정

3-2-5

1-1-4

5-2-1

일상생활에서 길이, 크기, 무게, 들이를 비교하고 순서를 지어 보기

들이와 무게
- 들이와 무게 비교하기
- 들이(1L, 1mL)와 무게(1kg, 1g, 1t)의 단위 이해하기
- 들이와 무게를 단명수와 복명수로 나타내기
- 들이와 무게를 어림하고 재어 보기
- 들이와 무게의 덧셈과 뺄셈하기

스스로 계획 짜기 ✏️

1일차	2일차	3일차	4일차	5일차
____월 ____일	____월 ____일	____월 ____일	____월 ____일	____월 ____일

6일차	7일차
____월 ____일	____월 ____일

기억하기

누리과정
무게, 들이의
속성을 비교하기

누리과정
무게, 들이의 속성에
따른 순서 짓기

1-1
구체물의 들이,
무게 비교하기

?

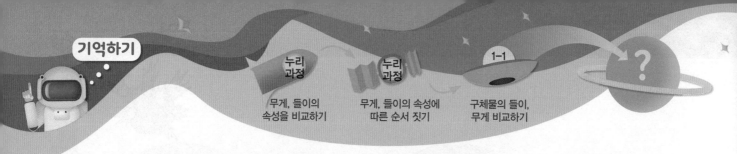

기억 1 들이 비교하기

담을 수 있는 양을 비교하기

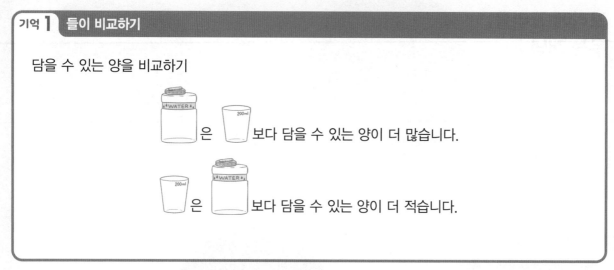

은 보다 담을 수 있는 양이 더 많습니다.

은 보다 담을 수 있는 양이 더 적습니다.

1 같은 모양끼리 비교하여 담을 수 있는 양이 더 많은 것에 각각 ○표 해 보세요.

2 담긴 양이 더 많은 것에 ○표 해 보세요.

(   )   (   )

- 는 보다 더 무겁습니다.　　· 는 보다 더 가볍습니다.

3 무게가 더 가벼운 것에 ○표 해 보세요.

4 그림을 보고 알맞은 말에 ○표 해 보세요.

종이　　책

(1) 책은 종이보다 더 (가볍습니다 , 무겁습니다).

(2) 종이는 책보다 더 (가볍습니다 , 무겁습니다).

어느 통에 더 많이 들어 있을까요?

1 두 풀장에 물을 채우려고 합니다. 어느 풀장에 물이 더 많이 들어갈지 비교하는 방법을 설명해 보세요.

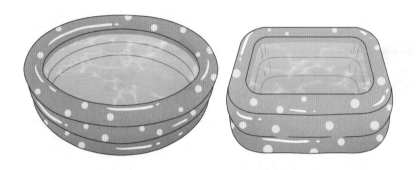

2 주스 통의 주스를 다 마시고 나면 물이 더 많이 들어가는 통을 골라 물통으로 사용하려고 합니다. 물음에 답하세요.

(1) 어느 통에 물이 더 많이 들어갈지 어림하여 ○표 하고, 그 이유를 써 보세요.

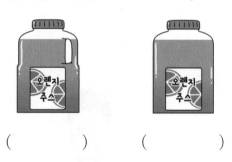

(   )   (   )

(2) 친구들이 통에 담을 수 있는 주스의 양을 다음과 같이 비교했습니다. 어느 통에 물이 더 많이 들어 갈지 ○표 해 보세요.

(   ) (   )

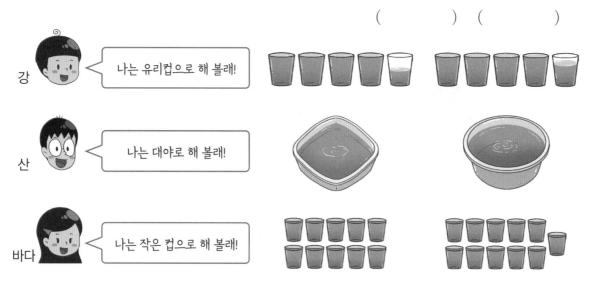

강 < 나는 유리컵으로 해 볼래!

산 < 나는 대야로 해 볼래!

바다 < 나는 작은 컵으로 해 볼래!

(3) 강, 산, 바다 중 가장 적절하지 않은 도구를 이용한 친구는 누구인가요? 그 이유를 설명해 보세요.

3 강이와 바다가 컵을 이용하여 주스의 양을 알아보고 다음과 같은 대화를 나누었습니다. 강이와 바다의 의견에 차이가 있는 이유를 쓰고 해결 방법을 설명해 보세요.

강

내가 비교해 보니까 🧴주스보다 🧴주스가 $\frac{1}{4}$ 컵 더 많던데?

뭐라고? 아니야~ 내가 비교해 보니까 한 컵 정도 더 많았어!

바다

들이의 단위 mL, L

1 학교에서 요리를 하기 위해 모둠별로 작은 병에 참기름을 담아 왔습니다. 참기름의 양이 모두 다른 이유를 설명해 보세요.

모둠별로 작은 병에 참기름을 담아 오세요.

개념 정리 들이의 단위(1)

들이는 어떤 공간에 담기는 양의 크고 작음을 나타냅니다.

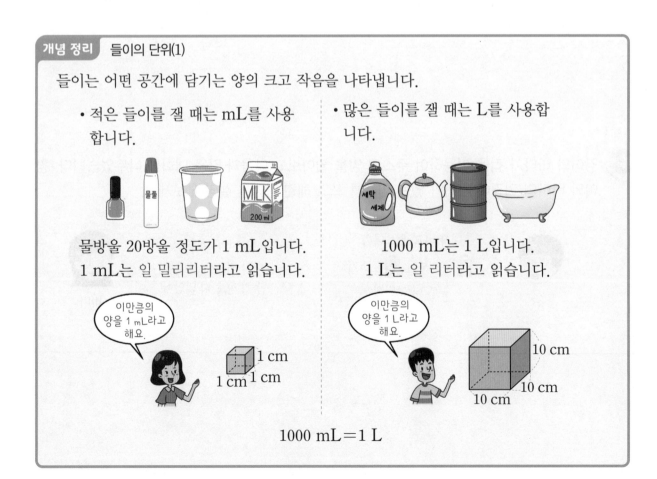

- 적은 들이를 잴 때는 mL를 사용합니다.

물방울 20방울 정도가 1 mL입니다.
1 mL는 일 밀리리터라고 읽습니다.

이만큼의 양을 1 mL라고 해요.

1 cm
1 cm 1 cm

- 많은 들이를 잴 때는 L를 사용합니다.

1000 mL는 1 L입니다.
1 L는 일 리터라고 읽습니다.

이만큼의 양을 1 L라고 해요.

10 cm
10 cm
10 cm

$$1000 \text{ mL} = 1 \text{ L}$$

2 들이를 재기에 적당한 크기의 도구를 찾아 ○표 해 보세요.

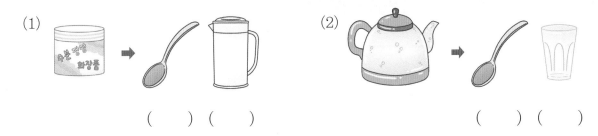

(1) (   ) (   )

(2) (   ) (   )

3 강이네 모둠 친구들은 각자 집에 있는 여러 물건의 들이를 재어 보았어요.

(1) 알맞은 단위를 골라 ○표 해 보세요.

강	산	하늘	바다
200 (mL , L)	500 (mL , L)	5 (mL , L)	1.5 (mL , L)

(2) (1)에서 들이가 가장 적은 것을 잰 친구는 누구인가요?

(   )

(3) (1)에서 들이가 가장 많은 것을 잰 친구는 누구인가요?

(   )

4 들이의 단위를 사용하면 단위를 사용하지 않는 것보다 어떤 점이 더 좋은가요?

들이의 단위로 나타내기

개념 정리 들이의 단위(2)

• 1 L보다 800 mL 더 많은 들이를 1 L 800 mL라 쓰고
1 리터 800 밀리리터라고 읽습니다.

• 1 L 800 mL는 1000 mL＋800 mL와 같으므로
1800 mL로 나타낼 수 있습니다.

 □ 안에 알맞은 수를 써넣으세요.

(1) 3001 mL = ☐ L ☐ mL

(2) 9 L 500 mL = ☐ mL

(3) 5700 mL = ☐ L ☐ mL

(4) 3 L 80 mL = ☐ mL

개념 정리 들이 어림하기

들이를 어림하여 말할 때는 약 ☐ mL 또는 약 ☐ L라고 합니다.

 어떤 통에 물을 가득 채워 비커에 담았습니다. 통의 들이를 어림해 보세요.

(1)

(2)

(3)

(   )   (   )   (   )

3 산이는 통의 들이를 다양한 크기의 비커로 재었습니다. 물음에 답하세요.

(1) 비커에 담긴 물이 모두 얼마인지 써 보세요.

(   ) L (   ) mL

(   ) mL

(2) 두 비커에 물을 가득 넣으면 얼마나 들어갈지 써 보세요.

(   ) L (   ) mL

(   ) mL

4 물에 서로 다른 색의 물감과 각기 다른 양의 설탕을 넣어 무지개층을 만들었습니다. 물음에 답하세요.

(1) ☐ 안에 설탕물이 담긴 양을 써넣으세요.

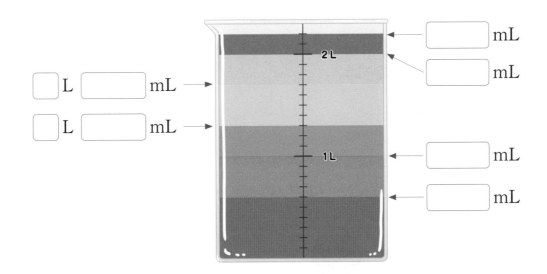

(2) 설탕물은 모두 얼마나 들어 있는지 2가지 방법으로 나타내어 보세요.

(   ) L (   ) mL

(   ) mL

개념활용 1-3
들이의 덧셈과 뺄셈

1 바다는 들이를 다음과 같이 계산했습니다. 계산 결과에 대한 자신의 생각을 설명해 보세요.

$$1 \text{ L} + 1 \text{ mL} = 2 \text{ L}$$

개념 정리 들이의 덧셈과 뺄셈

들이를 계산할 때는 같은 단위끼리 계산합니다.

• L는 L끼리, mL는 mL끼리 더합니다.	• L는 L끼리, mL는 mL끼리 뺍니다.

	2 L	300 mL			2 L	300 mL
+	1 L	200 mL		−	1 L	200 mL
	3 L	500 mL			1 L	100 mL

---

2 물음에 답하세요.

(1) 비어 있는 500 mL들이 우유갑에 200 mL들이 우유 2개를 부었습니다. 다 채우려면 우유가 얼마나 더 필요할까요?

(2) 300 L 욕조를 다 채우려면 물이 얼마나 더 필요한가요? 왜 그렇게 생각했나요?

3 하늘이가 마트에서 주스를 2통 사 왔습니다. 물음에 답하세요.

(1) 하늘이가 사 온 주스는 모두 몇 L 몇 mL일까요?

(   ) L (   ) mL

(2) 둘 중 어느 주스가 몇 mL 더 많은가요?

(,   )

4 물과 기름의 관계를 관찰하기 위해 물 2 L 100 mL와
식용유 1 L 400 mL를 비커에 부었습니다. 물음에 답하세요.

(1) 식용유와 물의 양은 모두 얼마인지 비커에 그려 보세요.

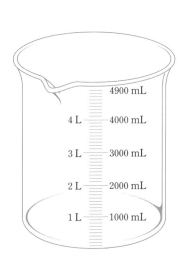

(2) 비커의 들이는 4900 mL입니다. 비커를 가득 채우기
위해 더 넣어야 하는 물의 양은 몇 L 몇 mL일까요?

(   ) L (   ) mL

5 계산해 보세요.

(1) 3 L 536 mL ＋ 4 L 1 mL

(2) 2 L 681 mL ＋ 3 L 318 mL

(3) 58 mL ＋ 50 L 21 mL

(4) 3 L 43 mL ＋ 1 L 900 mL

시소는 왜 기울어져 있을까요?

1 하늘이와 강이가 놀이터에서 시소 놀이를 했습니다. 그림을 보고 물음에 답하세요.

(1) 하늘이가 바다에게 강이랑 했던 시소 놀이에 대해 설명하고 있습니다. 가방 무게에 대해 서로 다른 생각을 한 이유를 써 보세요.

어제 강이와 시소 놀이를 할 때 가방을 벗으니 거의 수평이 되었어.

강이와 몸무게 차이가 얼마 안 나는구나!

(2) 가방을 멘 하늘이가 강이보다 얼마나 더 무거운지 알 수 있는 방법을 써 보세요.

2 산이는 구슬을 이용하여 두 선물 상자의 무게를 비교하려고 합니다. 물음에 답하세요.

(1) 더 무거운 선물 상자를 찾아 기호를 써 보세요.

(   )

(2) **가** 선물 상자는 구슬 몇 개만큼 무겁다고 할 수 있는지 자신의 생각을 설명해 보세요.

(3) 산이는 **가** 선물 상자가 **나** 선물 상자보다 얼마나 더 무거운지 설명하기 위해 **가** 선물 상자 쪽에 구슬을 하나 더 얹었습니다. 이 방법의 문제점과 해결 방법을 설명해 보세요.

3 직접 무게를 재거나 재는 것을 본 경험을 몇 가지 적고, 무게를 정확히 재기 위해서 필요한 것이 무엇인지 써 보세요.

무게의 단위 g, kg, t

| 개념 정리 | 무게의 단위(1) |

무
게
의

단
위

g(그램)	kg(킬로그램)	t(톤)
10원짜리 동전의 무게가 약 1 g입니다.	물 1 L의 무게가 약 1 kg입니다.	매우 무거운 물체의 무게는 t으로 표시합니다.
읽기: 1 g → 1 그램	읽기: 1 kg → 1 킬로그램	읽기: 1 t → 1 톤

1000 g=1 kg   1000 kg=1 t

100 g 비누 10개

1 알맞은 단위에 ○표 해 보세요.

약 8 (g , kg , t)		약 403 (g , kg , t)	
약 500 (g , kg , t)		약 13 (g , kg , t)	
약 70 (g , kg , t)		약 200 (g , kg , t)	
약 7800 (g , kg , t)		약 50 (g , kg , t)	
약 25 (g , kg , t)		약 1.5 (g , kg , t)	

2 그림을 보고 ☐ 안에 알맞은 수를 써넣으세요.

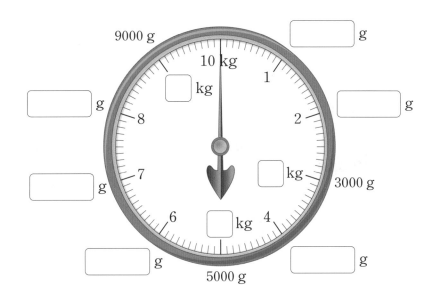

9000 g

☐ g

10 kg

☐ kg

1

☐ g

2

8

☐ g

7

☐ kg

3000 g

6

☐ kg

4

☐ g

5000 g

☐ g

3 우리 주변에서 볼 수 있는 것들의 무게입니다. 무게를 나타내어 보세요.

(1) 승객용 1000kg 15명 승객용 1000kg 15명

(   ) t

(2) 2000kg

(   ) t

(3) 2t

(   ) kg

(4) 최대 적재량 5000kg 0116

(   ) t

무게의 단위로 나타내기

개념 정리 무게의 단위(2)

무게를 어림하여 말할 때는 약 ☐ g 혹은 약 ☐ kg 이라고 합니다.

1 kg보다 200 g 더 무거운 무게를 1 kg 200 g으로 나타냅니다.

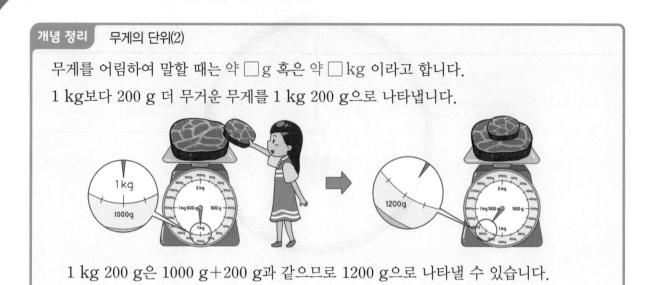

1 kg 200 g은 1000 g+200 g과 같으므로 1200 g으로 나타낼 수 있습니다.

1 나의 수학 문제집의 무게와 책가방의 무게는 얼마일지 어림하여 써 보세요.

(1) 수학 문제집의 무게:

(2) 책가방의 무게:

2 마트에서 장을 보고 있습니다. 여러 식재료의 무게를 어림해 보세요.

(1)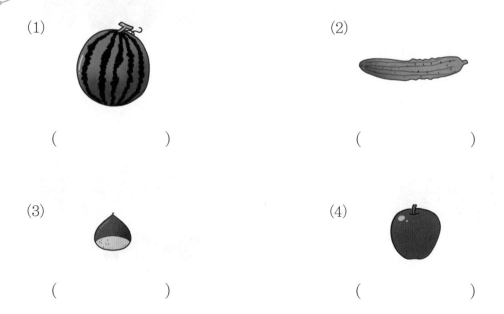

      (   )

(2)

      (   )

(3)

      (   )

(4)

      (   )

3 산이와 바다의 가방과 책의 무게입니다. 물음에 답하세요.

 1 kg 400 g  800 g 2 kg

산이의 가방   산이의 책   바다의 가방   바다의 책

(1) 산이의 가방에 책을 1권 넣었을 때의 무게를 2가지 방법으로 나타내어 보세요.

(   ) kg (   ) g, (   ) g

(2) 바다의 가방에 책을 4권 넣었을 때의 무게를 2가지 방법으로 나타내어 보세요.

(   ) kg (   ) g, (   ) g

4 호박의 무게를 재었습니다. 그림을 보고 물음에 답하세요.

(1) 저울의 빈칸에 알맞은 수를 써넣으세요.

(2) 호박의 무게는 몇 kg 몇 g일까요?

(   )

(3) 호박의 무게는 몇 g일까요?

(   )

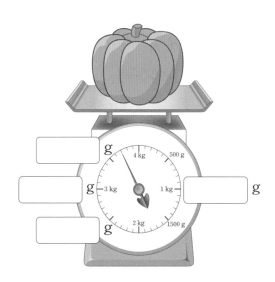

5 ☐ 안에 알맞은 수를 써넣으세요.

(1)

2180 g ＝ 2000 g ＋ 180 g

＝ ☐ kg ☐ g

(2)

1005 g ＝ ☐ kg ☐ g

다양한 물건의 무게 비교

1 새로 산 1 kg 설탕 봉지에 남아 있던 설탕 3 g을 넣었습니다. 설탕의 무게를 어떻게 계산할 수 있을지 설명해 보세요.

개념 정리 무게의 덧셈과 뺄셈

무게를 계산할 때는 같은 단위끼리 계산합니다.

- kg는 kg끼리, g은 g끼리 더합니다.

$$
\begin{array}{r}
  2 \text{ kg } 500 \text{ g} \\
+ 1 \text{ kg } 300 \text{ g} \\
\hline
  3 \text{ kg } 800 \text{ g}
\end{array}
$$

- kg는 kg끼리, g은 g끼리 뺍니다.

$$
\begin{array}{r}
  2 \text{ kg } 500 \text{ g} \\
- 1 \text{ kg } 300 \text{ g} \\
\hline
  1 \text{ kg } 200 \text{ g}
\end{array}
$$

---

2 강이와 바다는 몸무게를 재었습니다. 물음에 답하세요.

(1) 알맞은 단위를 골라 ○표 해 보세요.

40 (g , kg)

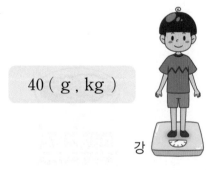

강

36 (g , kg)

바다

(2) 강이와 바다가 마주 보며 시소를 탈 때 수평이 되려면 누가 앉은 쪽이 몇 kg 더 무거워야 할까요?

(,   )

3 우리나라 동전의 무게입니다. 표를 보고 물음에 답하세요.

동전	무게
10원	1 g
50원	4 g
100원	5 g
500원	8 g

(1) 동전 지갑 안에 있는 동전 5개에 금액을 쓰고, 동전이 들어 있는 지갑의 무게를 구해 보세요.

(   )

(2) 동전 4개가 들어간 동전 지갑을 가방에 넣었을 때, 가방 전체의 무게를 구해 보세요.

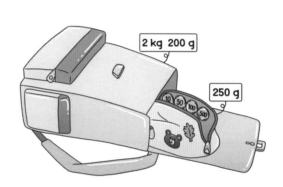

(   )

4 양팔 저울의 수평을 맞추기 위해 빈 접시에 올려야 할 물건을 보기 에서 골라 써 보세요.

보기

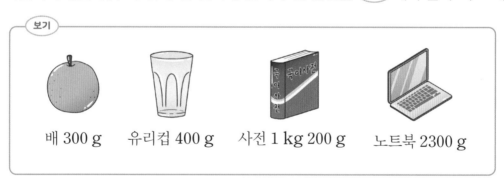

배 300 g   유리컵 400 g   사전 1 kg 200 g   노트북 2300 g

(1) 3 kg 500 g

(   )

(2) 2700 g

(   )

들이와 무게

들이와 무게의 단위에 대하여 설명해 보세요.

1 들이의 단위를 말하고 들이의 단위 사이의 관계를 설명해 보세요.

2 무게의 단위를 말하고 무게의 단위 사이의 관계를 설명해 보세요.

개념 연결 물음에 답하세요.

주제	계산하고 비교하기	
두 자리 수의 덧셈과 뺄셈	(1)　　 2　3 　　　+ 1　4	(2)　　 4　5 　　　− 2　1
길이 비교	210 cm와 1 m 98 cm의 길이를 비교해 보세요.	

1 들이의 합을 구하는 과정을 두 자리 수의 덧셈 방법과 연결하여 친구에게 편지로 설명해 보세요.

2 L 530 mL + 1240 mL

2 무게의 차를 구하는 과정을 두 자리 수의 뺄셈 방법과 연결하여 친구에게 편지로 설명해 보세요.

3600 g − 1 kg 200 g

선생님 놀이

1 우승이와 연승이가 마신 우유의 양이 모두 얼마인지 구하고, 다른 사람에게 설명해 보세요.

	우승	연승
마시기 전	1 L 800 mL	2 L
마신 후	900 mL	1 L 500 mL

2 무게가 가장 무거운 것부터 순서대로 기호를 쓰고 다른 사람에게 설명해 보세요.

> ㉠ 2 kg 300 g   ㉡ 1050 kg   ㉢ 2410 g   ㉣ 1 t

들이와 무게는
이렇게 연결돼요

구체물의 들이,
무게 비교하기

들이와 무게

수의 범위

어림하기

1 환경 교육 시간에 환경 오염과 관련된 활동을 하고 있습니다. 우리가 생활에서 사용하는 물이 깨끗하게 정화되는 데 필요한 물의 양을 보고 알맞은 단위에 ○표 해 보세요.

(1)

500(mL , L)　　　2100(mL , L)

(2)

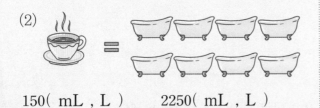

150(mL , L)　　　2250(mL , L)

2 수조에 4 L 990 mL만큼 물을 채워 일주일 동안 교실의 그늘에 두었습니다. 일주일 후 관찰한 수조의 물이 다음과 같을 때, 수증기로 변한 물의 양을 구해 보세요.

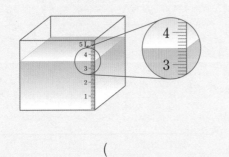

(　　　　　　　　　)

3 과학 시간에 모둠별로 간이 정수기를 이용하여 깨끗한 물을 만들었습니다. 그림을 보고 각 모둠이 만들어 낸 깨끗한 물의 양을 나타내어 보세요.

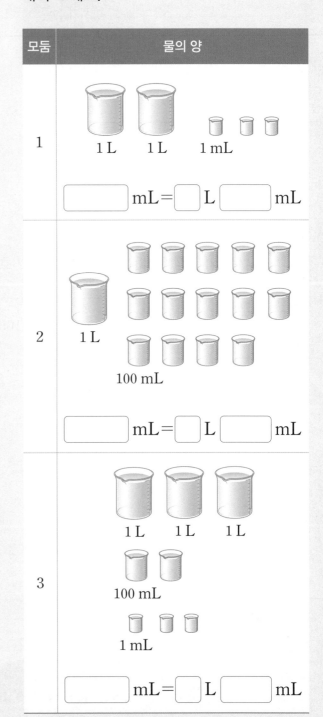

모둠	물의 양

4 시장에서 김치찌개를 끓이는 데 필요한 재료를 사려고 합니다. 사야 할 것들을 적은 쪽지를 보고 어울리는 단위에 ○표 해 보세요.

사야 할 재료

김치 4(t , kg , g)

두부 300(t , kg , g)

5 우리 주변에서 볼 수 있는 물건의 무게입니다. 단위를 바꾸어 나타내어 보세요.

(1) 하얀설탕 3 kg

☐ g

(2) 소금 2280g

☐ kg ☐ g

6 비아동물원에서 엘리베이터를 이용하여 동물을 옮기려고 합니다. 엘리베이터에 동물 3마리를 태우려면 어느 동물을 태워야 하는지 모두 적고, 무게가 몇 kg인 동물을 더 태울 수 있는지 구해 보세요.

승객용 1ton

동물	무게
기린	700 kg
말	400 kg
돼지	100 kg
펭귄	30 kg

(,)

7 우리 주변의 물건에서 mL와 L를 알아보세요.

(1) 알맞은 단위에 ○표 해 보세요.

가	🥄	5(mL , L)
나		30(mL , L)
다	간장	1.8(mL , L)
라		300(mL , L)
마	MILK	500(mL , L)
바		800(mL , L)

(2) 양이 많은 순서대로 기호를 써 보세요.

( )

8 비커의 눈금이 지워졌습니다. ☐ 안에 알맞은 수를 써넣으세요.

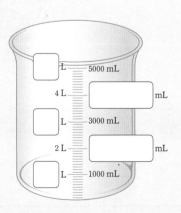

☐ L   5000 mL
4 L   ☐ mL
☐ L   3000 mL
2 L   ☐ mL
☐ L   1000 mL

1 우리 동 자치 센터에서는 빗물을 모아 깨끗하게 만들어 주는 정수기를 구매하려고 합니다. 10 L의 물을 부으면 깨끗하게 정수되어 나오는 물의 양이 다음과 같을 때, 어느 회사의 정수기를 구매하는 것이 더 좋을까요?

샘물회사	맑음회사
9170 mL	8 L 870 mL

(   )

2 오늘은 정우네 가족이 집 안 대청소를 하는 날입니다. 정우는 쓰레기통을 비우기로 하고 집 안의 가득 찬 쓰레기통 각각을 20 L짜리 종량제 봉투에 다 비웠습니다. 이제 종량제 봉투에 남은 공간은 몇 L인가요?

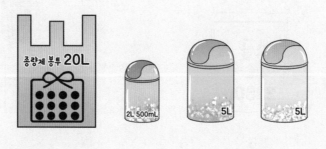

(   )

3 대야에 물 5 L를 담아 천연 염색을 하려고 합니다. 다음 두 도구를 사용하여 대야에 물 5 L를 담는 방법을 설명해 보세요.

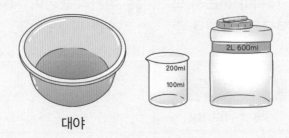

대야

설명

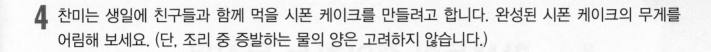

4 찬미는 생일에 친구들과 함께 먹을 시폰 케이크를 만들려고 합니다. 완성된 시폰 케이크의 무게를 어림해 보세요. (단, 조리 중 증발하는 물의 양은 고려하지 않습니다.)

① 밀가루에 베이킹파우더, 소금을 넣어 섞고 체에 거른다.
② ①에 계란 노른자, 설탕, 물, 식용유, 레몬즙을 넣고 잘 섞는다.
③ 새 그릇에 계란 흰자를 넣고 거품기로 젓는다.
④ ②에 ③을 넣고 거품이 망가지지 않게 잘 섞는다.
⑤ 시폰 케이크 틀에 ④를 붓고 약 170도로 예열한 오븐에서 30분간 굽는다.

밀가루 1kg   계란 노른자 500g
계란 흰자 500g   설탕 500g   물 300g   식용유 400g
소금 15g   베이킹파우더 20g   레몬즙 5g

풀이

(   )

5 수영 대회에서 받은 메달을 정리하기 위해 벽에 붙이는 고리를 사려고 합니다. 메달은 9개이고, 메달 하나의 무게가 약 150 g일 때, 적어도 몇 개의 고리가 필요한가요?

견딜 수 있는 무게 1.3 kg

견딜 수 있는 무게 1.3 kg

다용도 훅(중형)

풀이

(   )

6 학생들이 좋아하는 음식을 조사해 볼까요?

자료의 정리

★ 표를 읽고 만들 수 있어요.
★ 그림그래프를 읽고 만들 수 있어요.

✔ Check
스스로 다짐하기

☐ 정답을 맞히는 것도 중요하지만, 문제를 푼 과정을 설명하는 것도 중요해요.

☐ 새롭고 어려운 내용이 많지만, 꼼꼼하게 풀어 보세요.

☐ 스스로 과제를 해결하는 것이 힘들지만, 참고 이겨 내면 기분이 더 좋아져요.

꼬리에 꼬리를 무는 개념 ✦

표와 그래프
- 분류한 자료를 표와 그래프로 나타내기
- 표와 그래프의 편리한 점 알기

2-1-5

막대그래프
- 막대그래프의 내용 및 특징 알기
- 막대그래프 그리기

3-2-6

분류하기
- 기준에 따라 분류하기
- 분류하고 수 세기
- 기준에 따라 분류하고 결과 말하기

2-2-5

자료의 정리
- 표 읽기
- 표 만들기
- 그림그래프 읽기
- 그림그래프 만들기

4-1-5

스스로 계획 짜기 ✏️

1일차	2일차	3일차	4일차	5일차
＿＿월 ＿＿일	＿＿월 ＿＿일	＿＿월 ＿＿일	＿＿월 ＿＿일	＿＿월 ＿＿일

6일차
＿＿월 ＿＿일

기억 1 기준에 따라 분류하기

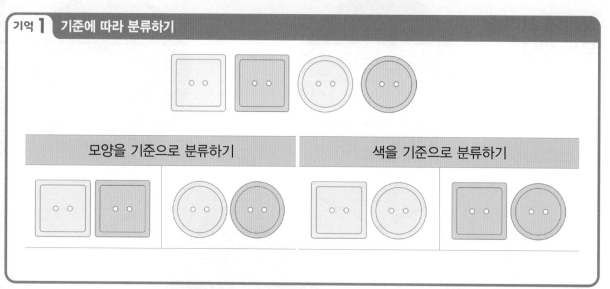

모양을 기준으로 분류하기		색을 기준으로 분류하기	

1 정해진 기준에 따라 조각을 분류해 보세요.

분류 기준 ⬚ 색 ⬚ ← 그림에 있는 색을 기준으로 나눠요.

색				
조각 번호				

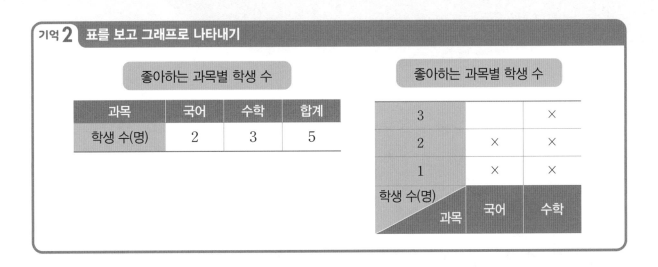

좋아하는 과목별 학생 수

과목	국어	수학	합계
학생 수(명)	2	3	5

좋아하는 과목별 학생 수

3		×
2	×	×
1	×	×
학생 수(명)		
과목	국어	수학

2 산이네 반 학생들이 좋아하는 동물을 조사하여 표로 나타내었습니다. 표를 보고 /을 이용하여 그래프로 나타내어 보세요.

산이네 반 학생들이 좋아하는 동물별 학생 수

동물	하마	원숭이	사자	호랑이	코끼리	합계
학생 수(명)	4	2	6	7	5	24

산이네 반 학생들이 좋아하는 동물별 학생 수

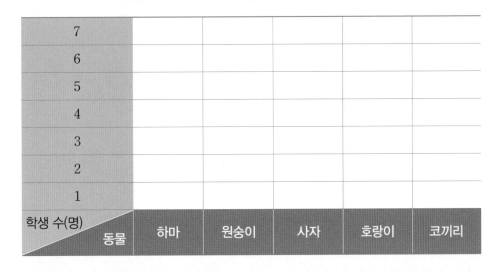

7					
6					
5					
4					
3					
2					
1					
학생 수(명)					
동물	하마	원숭이	사자	호랑이	코끼리

학생들이 좋아하는 음식을 조사해 볼까요?

1 바다네 학교 3학년 학생들이 좋아하는 음식을 조사했습니다. 물음에 답하세요.

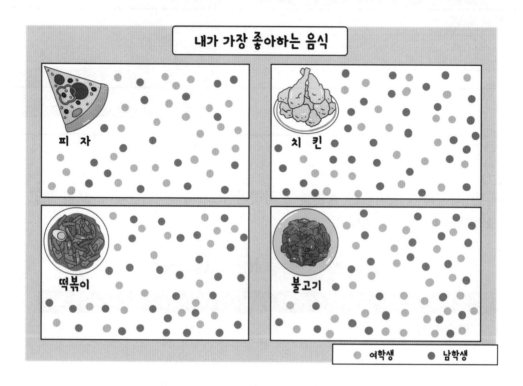

(1) 어떤 방법으로 조사한 것이라고 생각하나요?

(2) 피자를 좋아하는 학생은 몇 명인가요?

(3) 불고기와 치킨 중 더 많은 학생이 좋아하는 음식은 어느 것인가요?

(4) 조사한 내용을 표로 나타내어 보세요.

3학년 학생이 좋아하는 음식

음식					합계
학생 수(명)					

(5) (4)의 표에서 알 수 있는 것을 써 보세요.

(6) 여학생보다 남학생이 더 좋아하는 음식은 무엇인가요?

(7) (6)번을 쉽게 알아보기 위해 남학생과 여학생별 좋아하는 음식을 표로 나타내어 보세요.

3학년 남학생과 여학생별 좋아하는 음식

음식	피자	치킨	떡볶이	불고기	합계
남학생 수(명)					
여학생 수(명)					

(8) 3학년 학생들이 좋아하는 음식을 조사할 수 있는 또 다른 방법이 있다면 써 보세요.

자료 수집 방법

1 자료 수집 방법을 알아보세요.

가    나    다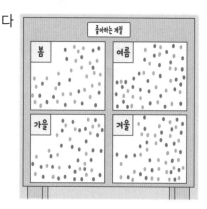

(1) 보기 에서 **가, 나, 다**의 조사 방법을 찾아 써 보세요.

> 보기
>
> 붙임딱지 붙이기, 직접 손 들기, 직접 물어보기

(2) 자료 수집 방법의 특징을 바르게 설명한 것에 ○표 해 보세요.

> 자료 수집 방법의 특징
>
> – 직접 물어보는 방법은 답하는 사람이 누구인지 알 수 있고 자세한 조사를 할 수 있으므로 짧은 시간 동안 많은 사람을 조사하기에 적합한 방법입니다. (   )
>
> – 직접 손 들기 방법은 짧은 시간에 자료를 수집할 수 있으나 모든 학생이 한 번에 참여할 수 있어야 합니다. (   )
>
> – 붙임딱지 붙이기 방법은 붙임딱지판을 준비해야 하는 불편함이 있으나 붙임딱지판이 준비되면 언제든지 학생들이 조사에 참여할 수 있고 증거 자료가 남게 됩니다. (   )

2 다음은 강이네 학교 학생들이 좋아하는 동물을 조사한 자료와 표입니다. 물음에 답하세요.

남학생 ┐   ┌ 여학생

세민	가인	한결	주은	시윤	예진	성모	정민
지완	바다	이안	재은	성훈	유빈	원호	나연
강	지은	민준	혜원	건우	정은	준후	해린
시호	하율	영재	민서	동규	수민	병민	윤지
우석	아인	진우	유하	건희	수연	산	예림

강이네 학교 학생들이 좋아하는 동물

동물	토끼	고양이	개	햄스터	합계
남학생 수(명)	3	7	8	2	20
여학생 수(명)	2	11	3	4	20

(1) 토끼를 좋아하는 학생은 모두 몇 명인가요? (   )

(2) 고양이를 좋아하는 여학생은 남학생보다 몇 명 더 많은가요? (   )

(3) 바다가 좋아하는 동물은 무엇인가요? (   )

(4) 자료를 보고 알 수 있는 것과 표를 보고 알 수 있는 것을 비교해 보세요.

표를 그래프로 나타내면 어떤 점이 좋을까요?

1 다음은 하늘이네 학교 학생 수를 학년별로 조사한 표와 그래프입니다. 물음에 답하세요.

하늘이네 학교 학생 수

학년	1학년	2학년	3학년	4학년	5학년	6학년	합계
학생 수(명)	82	90	74	63	80	71	460

학년	학생 수
1학년	☺ ☺ ☺ ☺ ☺ ☺ ☺ ☺ ‿ ‿
2학년	☺ ☺ ☺ ☺ ☺ ☺ ☺ ☺ ☺
3학년	☺ ☺ ☺ ☺ ☺ ☺ ☺ ‿ ‿ ‿ ‿
4학년	☺ ☺ ☺ ☺ ☺ ☺ ‿ ‿ ‿
5학년	☺ ☺ ☺ ☺ ☺ ☺ ☺ ☺
6학년	

☺ 10명
‿ 1명

(1) ☺과 ‿을 사용하여 그래프의 빈칸에 6학년의 학생 수를 나타내어 보세요.

(2) 1학년과 학생 수가 비슷한 학년은 몇 학년인가요?

(   )

(3) 조사한 자료나 표를 그래프로 나타내었을 때 좋은 점을 써 보세요.

2 산이는 3학년 학생들이 도서관에서 많이 본 책을 조사하여 표로 만들었습니다. 표를 보고 문제 **1**과 같은 그래프로 나타내려고 합니다. 물음에 답하세요.

3학년 학생들이 많이 본 책

책 종류	위인전	만화책	과학책	동화책	합계
책의 수(권)	45	65	36	54	200

(1) 그래프로 나타내기 위해서 그림을 몇 가지로 표현하면 좋을까요?

(2) 어떤 그림으로 나타내면 좋을까요?

(3) 수를 나타내기 위한 그림을 그려 보세요.

(4) 그래프의 제목을 쓰고, 책의 수를 그림으로 나타내어 보세요.

책 종류	책의 수
위인전	
만화책	
과학책	
동화책	

☐ 권
☐ 권

그림그래프 그리기

 하늘이네 학교 3학년 학생들이 가고 싶어 하는 현장학습 장소를 조사한 표와 그래프예요.

3학년 학생들이 가고 싶어 하는 현장학습 장소

장소	놀이동산	수영장	동물원	미술관	박물관	합계
학생 수(명)	35	23	16	12	14	100

3학년 학생들이 가고 싶어 하는 현장학습 장소

장소	학생 수
놀이동산	👤👤👤👤👤👤👤
수영장	👤👤👤👤
동물원	👤👤👤👤👤👤
미술관	👤👤👤
박물관	👤👤👤👤👤

👤 10명
👤 1명

(1) 가장 많은 학생들이 가고 싶어 하는 곳은 어디인가요? (   )

(2) 그래프를 통해 알 수 있는 것을 써 보세요.

개념 정리 그림그래프

- 알려고 하는 수(조사한 수)를 그림으로 나타낸 그래프를 그림그래프라고 합니다.
- 그림그래프로 나타내면 조사한 수의 많고 적음을 한눈에 쉽게 알아볼 수 있습니다.

2 바다는 여러 동네의 김밥집의 수를 조사하여 표로 만들었습니다. 표를 보고 그림그래프로 나타내려고 합니다. 물음에 답하세요.

동네별 김밥집의 수

동네 이름	하늘	바람	나무	산	합계
김밥집의 수(개)	24	15	31	22	92

(1) 그래프로 나타내기에 알맞은 그림을 찾아 기호를 써 보세요.

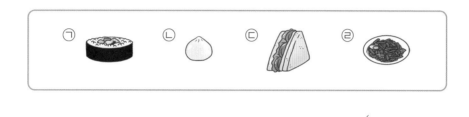

(   )

(2) 그래프의 빈칸에 알맞은 말을 써넣고, □ 안에 그림이 나타내는 수를 써 보세요.

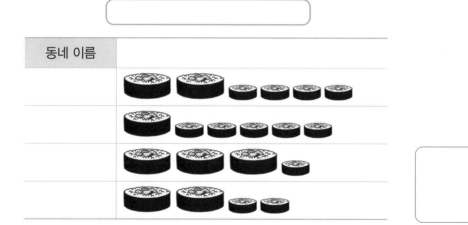

개념 정리   그림그래프를 그릴 때 생각할 것

① 표에 나타난 항목이 그래프에도 모두 나타나야 합니다.

② 수를 나타내는 그림은 조사한 항목과 관계 있는 그림으로 표현하는 것이 좋습니다.

③ 작은 그림과 큰 그림이 나타내는 수를 결정하여 그래프에 표현합니다.

④ 수를 그래프에 나타낼 때는 수를 정확하게 세어 큰 그림부터 나타냅니다.

자료의 정리

자료를 수집하는 방법과 그림그래프를 알아보세요.

1 자료를 수집하는 다양한 방법을 써 보세요.

2 지난주에 도서관을 이용한 학생 수를 나타낸 그림그래프의 빈칸에 알맞은 수를 써넣고, 지난주에 도서관을 이용한 학생 수는 모두 몇 명인지 구해 보세요.

요일	학생 수	
월요일	☺☺☺☺☺☺☺☺	44
화요일	☺☺☺☺☺	
수요일	☺☺☺☺☺☺☺	
목요일	☺☺☺☺☺	
금요일	☺☺☺☺☺☺☺☺☺	

☺ 10명
☺ 1명

표를 그림그래프로 나타내고 각각의 편리한 점을 써 보세요.

주제	표를 그림그래프로 나타내기
분류하기	바다네 반 학생들이 좋아하는 색깔입니다. 기준을 정하여 분류해 보세요. 바다 우석 시호 영재 민준 혜원 건우 하늘 은지 나빈 중기 희지 표: | | | | | | 합계 |
표와 그래프	표와 그래프로 나타내었을 때 편리한 점을 각각 하나씩 써 보세요. (1) 표의 편리한 점: (2) 그래프의 편리한 점:

1 다음 두 표 중 그림그래프로 만들기에 적합한 것을 선택하고 그 이유를 친구에게 편지로 설명해 보세요.

㉠

좋아하는 과일	사과	배	감	오렌지	합계
학생 수 (명)	6	3	4	7	20

㉡

팔린 꽃	장미	튤립	수국	비누 꽃	합계
수 (송이)	45	28	20	35	128

1 여학생과 남학생이 운동회에서 하고 싶어 하는 경기 한 가지씩을 조사한 표입니다. 표를 보고 알 수 있는 점을 찾아 쓰고 다른 사람에게 설명해 보세요.

경기	공 굴리기	달리기	줄다리기	박 터뜨리기	합계
여학생 수(명)	32	28	25	35	120
남학생 수(명)	26	31	40	33	130

2 친구들과 줄넘기를 한 횟수를 나타낸 표를 그림그래프로 나타내고, 그 과정을 다른 사람에게 설명해 보세요.

이름	정희	서연	준서	희망
줄넘기 횟수(회)	23	35	51	60

◎ 10회
○ 1회

자료의 정리는 이렇게 연결돼요

표와 그래프

표와 그림그래프

막대그래프

꺾은선그래프

1 직접 손 들기 방법으로 자료를 수집하기에 적절한 것을 모두 찾아 기호를 써 보세요.

> ㉠ 우리 반 학생들이 좋아하는 계절
> ㉡ 3학년 학생들의 장래 희망
> ㉢ 우리 가족이 좋아하는 음식
> ㉣ 우리 반 학생들이 좋아하는 동물

( )

2 다음은 현경이네 반 학생들이 배우고 싶어 하는 악기를 조사한 표입니다. 물음에 답하세요.

배우고 싶어 하는 악기별 학생 수

악기	피아노	리코더	오카리나	바이올린	합계
학생 수(명)	12	4	6	2	24

(1) 리코더를 배우고 싶어 하는 학생 수는 몇 명인가요?

( )

(2) 두 번째로 많이 배우고 싶어 하는 악기는 무엇인가요?

( )

(3) 피아노를 배우고 싶어 하는 학생 수는 바이올린을 배우고 싶어 하는 학생 수의 몇 배인가요?

( )

3 정민이네 학교 3학년 학생들이 좋아하는 과목을 조사한 표를 보고 물음에 답하세요.

좋아하는 과목별 학생 수

교과	국어	수학	음악	미술	체육	합계
학생 수(명)	13	12	17	18		100

(1) 체육을 좋아하는 학생은 몇 명인가요?

( )

(2) 가장 많은 수의 학생이 좋아하는 과목은 무엇인가요?

( )

(3) 가장 적은 수의 학생이 좋아하는 과목은 무엇인가요?

( )

(4) 좋아하는 학생이 많은 과목부터 순서대로 써 보세요.

( )

(5) 표를 보고 더 찾을 수 있는 내용을 써 보세요.

4 문제 **3**의 표를 보고 그림그래프를 만들어 보세요.

(1) 그림그래프로 나타낼 때 알맞은 그림을 그려 보세요.

(2) 그림그래프로 나타낼 때 학생 수의 단위로 알맞은 것을 모두 골라 ○표 해 보세요.

(100명 , 10명 , 1명)

(3) 그림그래프를 완성해 보세요.

과목	학생 수

5 문제 **4**의 그림그래프에서 알 수 있는 사실을 3가지 써 보세요.

6 문제 **4**의 그림그래프를 보고 정민이네 학교 선생님들이 앞으로 어떤 과목을 더 재미있게 가르칠 것 같은지 그 이유를 써 보세요.

1 붙임딱지 붙이기 방법으로 조사하기에 적절한 질문인지 설명해 보세요.

(1) 우리 반 친구들이 좋아하는 과자는 무엇인가요?

(2) 한라산의 높이는 몇 m인가요?

(3) 우리 가족들이 좋아하는 음식은 무엇인가요?

[2~4] 현아는 친구들이 좋아하는 과자를 조사하기 위해 붙임딱지 붙이기 방법을 사용했습니다. 그림을 보고 물음에 답하세요.

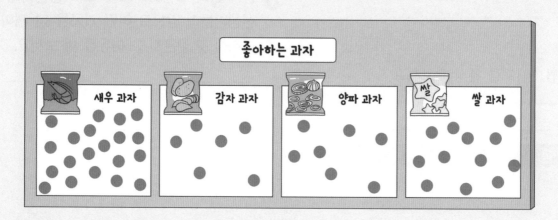

2 위 자료를 보고 표를 완성해 보세요.

3 문제 **2**의 표를 보고 그림그래프로 나타내려고 합니다. 물음에 답하세요.

(1) 그림그래프에 꼭 들어가야 할 것이 무엇인지 써 보세요.

```
┌────────────────────────────────────────────────────────────────┐
│                                                                  │
│                                                                  │
│                                                                  │
└────────────────────────────────────────────────────────────────┘
```

(2) 그림그래프로 나타내어 보세요.

```
            ┌──────────────────────────────┐
            │                              │
            └──────────────────────────────┘
┌──────────┬──────────────────────────────────┐
│          │                                  │
├──────────┼──────────────────────────────────┤
│          │                                  │
├──────────┼──────────────────────────────────┤
│          │                                  │
├──────────┼──────────────────────────────────┤        ┌──────────┐
│          │                                  │        │          │
├──────────┼──────────────────────────────────┤        │          │
│          │                                  │        └──────────┘
└──────────┴──────────────────────────────────┘
```

4 문제 **3**의 그림그래프를 보고 물음에 답하세요.

(1) 그림그래프를 보고 알 수 있는 내용을 모두 써 보세요.

```
┌────────────────────────────────────────────────────────────────┐
│                                                                  │
│                                                                  │
│                                                                  │
│                                                                  │
│                                                                  │
└────────────────────────────────────────────────────────────────┘
```

(2) 그림그래프에서 알 수 있는 것들을 통해서 앞으로 어떤 것을 하면 좋을지 써 보세요.

```
┌────────────────────────────────────────────────────────────────┐
│                                                                  │
│                                                                  │
│                                                                  │
│                                                                  │
└────────────────────────────────────────────────────────────────┘
```

초·중·고 수학 개념연결 지도

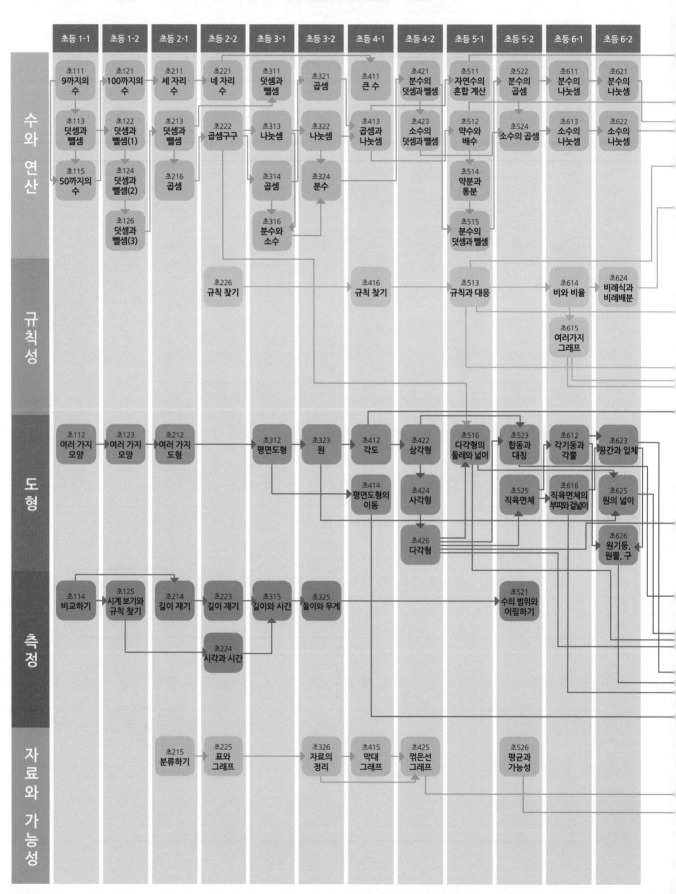

QR코드를 스캔하면
'수학 개념연결 지도'를 내려받을 수 있습니다.
https://blog.naver.com/viabook/222160461455

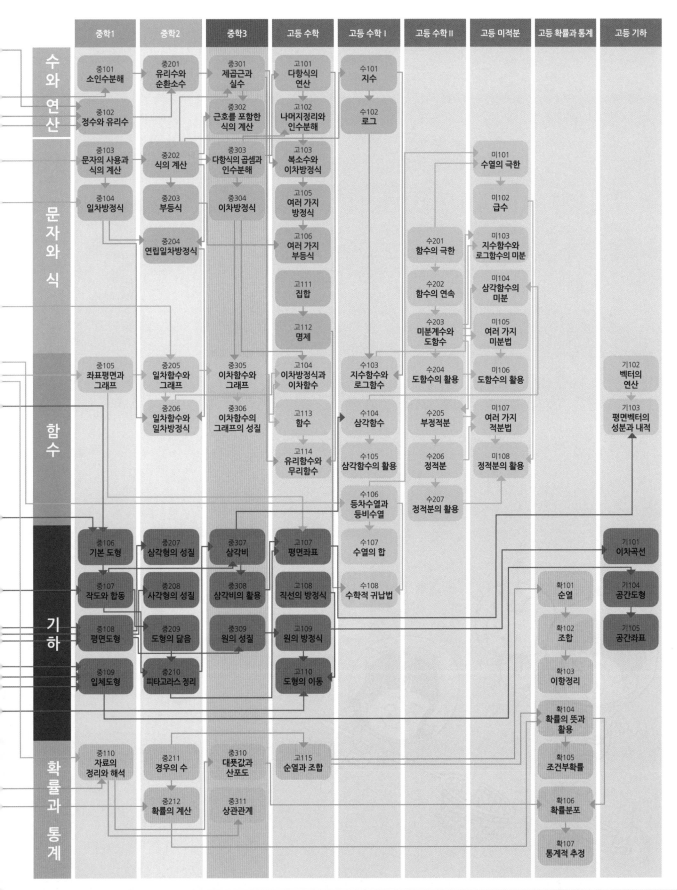

| 중학1 | 중학2 | 중학3 | 고등 수학 | 고등 수학 I | 고등 수학 II | 고등 미적분 | 고등 확률과 통계 | 고등 기하 |

수와 연산

문자와 식

함수

기하

확률과 통계

중101 소인수분해 · 중201 유리수와 순환소수 · 중301 제곱근과 실수 · 고101 다항식의 연산 · 수101 지수

중102 정수와 유리수 · 중302 근호를 포함한 식의 계산 · 고102 나머지정리와 인수분해 · 수102 로그

중103 문자의 사용과 식의 계산 · 중202 식의 계산 · 중303 다항식의 곱셈과 인수분해 · 고103 복소수와 이차방정식 · 미101 수열의 극한

중104 일차방정식 · 중203 부등식 · 중304 이차방정식 · 고105 여러 가지 방정식 · 미102 급수

중204 연립일차방정식 · 고106 여러 가지 부등식 · 수201 함수의 극한 · 미103 지수함수와 로그함수의 미분

고111 집합 · 수202 함수의 연속 · 미104 삼각함수의 미분

고112 명제 · 수203 미분계수와 도함수 · 미105 여러 가지 미분법

중105 좌표평면과 그래프 · 중205 일차함수와 그래프 · 중305 이차함수와 그래프 · 고104 이차방정식과 이차함수 · 수103 지수함수와 로그함수 · 수204 도함수의 활용 · 미106 도함수의 활용 · 기102 벡터의 연산

중206 일차함수와 일차방정식 · 중306 이차함수의 그래프의 성질 · 고113 함수 · 수104 삼각함수 · 수205 부정적분 · 미107 여러 가지 적분법 · 기103 평면벡터의 성분과 내적

고114 유리함수와 무리함수 · 수105 삼각함수의 활용 · 수206 정적분 · 미108 정적분의 활용

수106 등차수열과 등비수열 · 수207 정적분의 활용

중106 기본 도형 · 중207 삼각형의 성질 · 중307 삼각비 · 고107 평면좌표 · 수107 수열의 합 · 기101 이차곡선

중107 작도와 합동 · 중208 사각형의 성질 · 중308 삼각비의 활용 · 고108 직선의 방정식 · 수108 수학적 귀납법 · 확101 순열 · 기104 공간도형

중108 평면도형 · 중209 도형의 닮음 · 중309 원의 성질 · 고109 원의 방정식 · 확102 조합 · 기105 공간좌표

중109 입체도형 · 중210 피타고라스 정리 · 고110 도형의 이동 · 확103 이항정리

확104 확률의 뜻과 활용

중110 자료의 정리와 해석 · 중211 경우의 수 · 중310 대푯값과 산포도 · 고115 순열과 조합 · 확105 조건부확률

중212 확률의 계산 · 중311 상관관계 · 확106 확률분포

확107 통계적 추정

'생각 열기'는 내 생각을 쓰는 문제이기 때문에 답이 여러 가지일 수 있어요. 답과 해설을 참고하여 여러분의 생각과 비교하고 수정해 보세요.

수학의
미래

초등 **3-2**

정답과 해설

1단원 곱셈

기억하기

1 (1) 덧셈식 $20+20+20=60$
　　곱셈식 $20\times3=60$

(2) 덧셈식 $36+36+36+36=144$
　　곱셈식 $36\times4=144$

(3) 덧셈식 $27+27+27=81$
　　곱셈식 $27\times3=81$

(4) 덧셈식 $69+69+69+69=276$
　　곱셈식 $69\times4=276$

2 (1) 32×3 　$\begin{cases}30\times3=\boxed{90}\\2\times3=\boxed{6}\end{cases}$ 　$\boxed{96}$

(2) 68×4 　$\begin{cases}60\times4=\boxed{240}\\8\times4=\boxed{32}\end{cases}$ 　$\boxed{272}$

3 (1)
$$\begin{array}{r}2\ 4\\\times\qquad 7\\\hline \boxed{1\ 4\ 0}\\2\ 8\\\hline \boxed{1\ 6\ 8}\end{array}$$

(2)
$$\begin{array}{r}4\ 9\\\times\qquad 5\\\hline \boxed{2\ 0\ 0}\\4\ 5\\\hline \boxed{2\ 4\ 5}\end{array}$$

(3)
$$\begin{array}{r}1\ 8\\\times\qquad 8\\\hline 6\ 4\\\boxed{8\ 0}\\\hline \boxed{1\ 4\ 4}\end{array}$$

(4)
$$\begin{array}{r}5\ 7\\\times\qquad 3\\\hline 2\ 1\\\boxed{1\ 5\ 0}\\\hline \boxed{1\ 7\ 1}\end{array}$$

4 (1)
$$\begin{array}{r}{}^{2}\\2\ 3\\\times\qquad 8\\\hline 1\ 8\ 4\end{array}$$

(2)
$$\begin{array}{r}{}^{7}\\7\ 8\\\times\qquad 9\\\hline 7\ 0\ 2\end{array}$$

생각열기 ❶

1 (1)~(6) 해설 참조

1 (1) 예
$$\begin{array}{r}{}^{3}\\7\ 8\\\times\qquad 4\\\hline 3\ 1\ 2\end{array}$$

두 자리 수 곱셈의 방법으로 일의 자리를 먼저 계산해서 올림이 있는 수를 위에 쓴 후 십의 자리를 계산한 값에 더합니다.

(2) 예
$$\begin{array}{r}1\ 1\\2\ 3\ 4\\\times\qquad\quad 4\\\hline 9\ 3\ 6\end{array}$$

세 자리 수의 곱셈이지만 두 자리 수 곱셈과 같은 방법으로 일의 자리부터 먼저 계산합니다. 올림이 있는 수를 써서 십의 자리와 백의 자리 수를 계산하여 더합니다.

(3) $234+234+234+234=936$
4대이기 때문에 $234+234+234+234=936$이 됩니다.

(4) $234\times4=200\times4+30\times4+4\times4$
　　　　$=800+120+16=936$
234×4에서 $200\times4=800$이고, $30\times4=120$이고, $4\times4=16$이므로 $800+120+16=936$이 됩니다.

(5)
$$\begin{array}{r}2\ 3\ 4\\\times\qquad\quad 4\\\hline 8\ 0\ 0\\1\ 2\ 0\\1\ 6\\\hline 9\ 3\ 6\end{array}$$

234×4의 세로셈에서 백의 자리부터 차례대로 계산한 후 모두 더했습니다.

(6) 곱셈 방식인 세로셈으로 일의 자리부터 올림이 있는 곱셈을 하는 방법이 제일 간단해서 좋은 것 같습니다.
$$\begin{array}{r}1\ 1\\2\ 3\ 4\\\times\qquad\quad 4\\\hline 9\ 3\ 6\end{array}$$

또 다른 방법으로는 일의 자리부터 계산해서 더하는 방법이 있습니다.

```
      2  3  4
   ×        4
   ─────────────
         1  6
      1  2  0
   8  0  0
   ─────────────
   9  3  6
```

선생님의 참견

(세 자리 수)×(한 자리 수)의 계산은 (두 자리 수)×(한 자리 수)의 다양한 곱셈법을 연결하여 익히는 것이 가장 좋아요. 자리 수가 하나 더 늘어나지만 새로운 곱셈으로 생각하기보다 이미 아는 방법에 연결하는 지혜를 발휘하세요.

개념활용 ❶-1　16~17쪽

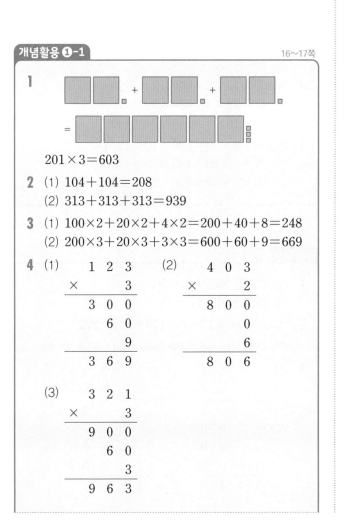

1

$201 \times 3 = 603$

2 (1) $104 + 104 = 208$
(2) $313 + 313 + 313 = 939$

3 (1) $100 \times 2 + 20 \times 2 + 4 \times 2 = 200 + 40 + 8 = 248$
(2) $200 \times 3 + 20 \times 3 + 3 \times 3 = 600 + 60 + 9 = 669$

4 (1)
```
      1  2  3
   ×        3
   ─────────────
   3  0  0
      6  0
         9
   ─────────────
   3  6  9
```

(2)
```
      4  0  3
   ×        2
   ─────────────
   8  0  0
         0
         6
   ─────────────
   8  0  6
```

(3)
```
      3  2  1
   ×        3
   ─────────────
   9  0  0
      6  0
         3
   ─────────────
   9  6  3
```

5 (1)
```
      1  2  3
   ×        3
   ─────────────
         9
      6  0
   3  0  0
   ─────────────
   3  6  9
```

(2)
```
      4  0  3
   ×        2
   ─────────────
         6
         0
   8  0  0
   ─────────────
   8  0  6
```

(3)
```
      3  2  1
   ×        3
   ─────────────
         3
      6  0
   9  0  0
   ─────────────
   9  6  3
```

6 (1)
```
      3  2  1
   ×        2
   ─────────────
   6  4  2
```

(2)
```
      1  1  2
   ×        4
   ─────────────
   4  4  8
```

(3)
```
      3  1  3
   ×        3
   ─────────────
   9  3  9
```

5 4와 비교하면 그 결과가 같습니다. 앞에서부터 계산하나 뒤에서부터 계산하나 상관이 없다는 것을 알 수 있습니다.

개념활용 ❶-2　18~19쪽

1

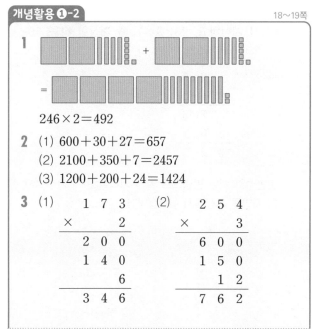

$246 \times 2 = 492$

2 (1) $600 + 30 + 27 = 657$
(2) $2100 + 350 + 7 = 2457$
(3) $1200 + 200 + 24 = 1424$

3 (1)
```
      1  7  3
   ×        2
   ─────────────
   2  0  0
      1  4  0
         6
   ─────────────
   3  4  6
```

(2)
```
      2  5  4
   ×        3
   ─────────────
   6  0  0
      1  5  0
         1  2
   ─────────────
   7  6  2
```

4 (1)
```
      2 6 7
    ×     3
    ─────────
        2 1
      1 8 0
      6 0 0
    ─────────
      8 0 1
```
(2)
```
      7 1 4
    ×     5
    ─────────
        2 0
        5 0
    3 5 0 0
    ─────────
    3 5 7 0
```

5 (1)
```
      ²  ²
      3 6 7
    ×     4
    ─────────
    1 4 6 8
```
(2)
```
      ¹  ³
      6 1 4
    ×     8
    ─────────
    4 9 1 2
```

선생님의 참견

(두 자리 수)×(두 자리 수)의 계산은 (두 자리 수)×(한 자리 수)의 다양한 곱셈법을 연결하여 익히는 것이 가장 좋아요. 자리 수가 하나 더 늘어나지만 새로운 곱셈으로 생각하기보다 이미 아는 방법에 연결하는 지혜를 발휘하세요.

생각열기 ❷
20~21쪽

1 (1)~(6) 해설 참조

1 (1) ㉒ 우리 반 25명이 각각 빈 우유갑을 13개씩 모아야 하므로 25×13으로 구하면 됩니다.

(2) ㉒ 25를 13번 더하면 325를 구할 수 있지만, 너무 많은 덧셈을 하는 것 같습니다.

(3) ㉒ 25×13에서 $25 \times 10 = 250$이고, $25 \times 3 = 75$이므로 $250 + 75 = 325$가 됩니다.
가로셈으로 25를 곱하는 수의 십의 자리와 일의 자리에 각각 곱하여 계산하는 방법입니다.

(4) ㉒ 25×13에서 25의 수 모형을 10번 놓아서 250이고, 25를 3번 놓아서 75이므로 $250 + 75 = 325$가 됩니다.

(5) ㉒ 25×13을 세로셈으로 푸는데, $25 \times 10 = 250$을 먼저 계산하고, $25 \times 3 = 75$를 계산한 다음 더해서 $250 + 75 = 325$가 됩니다.

(6) 325개 /
```
        2 5
    ×   1 3
    ─────────
        7 5
      2 5
    ─────────
    3 2 5
```

일반적인 계산 방법으로 일의 자리를 먼저 계산하고 십의 자리를 계산해서 더했습니다.

개념활용 ❷-1
22~23쪽

1 (1) 18로 같습니다.
(2) 350으로 같습니다.
(3) 72로 같습니다.

2 (1) $23 \times 6 = 138$
(2) $78 \times 5 = 390$
(3) $84 \times 9 = 756$

3 (1) $4 \times 30 + 4 \times 2 = 120 + 8 = 128$
(2) $7 \times 50 + 7 \times 4 = 350 + 28 = 378$
(3) $8 \times 60 + 8 \times 3 = 480 + 24 = 504$

4 (1) $60 \times 10 \times 2 = 600 \times 2 = 1200$
(2) $47 \times 10 \times 3 = 470 \times 3 = 1410$
(3) $84 \times 10 \times 7 = 840 \times 7 = 5880$

5 (1) $40 \times 3 \times 10 = 120 \times 10 = 1200$
(2) $27 \times 5 \times 10 = 135 \times 10 = 1350$
(3) $55 \times 6 \times 10 = 330 \times 10 = 3300$

개념활용 ❷-2
24~25쪽

1 (1) 곱셈식 $25 \times 14 = 350$
(2) 곱셈식 $31 \times 12 = 372$

2 (1) $17 \times 10 + 17 \times 6 = 170 + 102 = 272$
(2) $26 \times 30 + 26 \times 4 = 780 + 104 = 884$

3 (1)
```
        5 1
    ×   4 2
    ─────────
          2
      1 0 0
        4 0
    2 0 0 0
    ─────────
    2 1 4 2
```
(2)
```
        3 7
    ×   8 9
    ─────────
        6 3
      2 7 0
      5 6 0
    2 4 0 0
    ─────────
    3 2 9 3
```

4 (1)
```
        4 2
    ×   6 9
      3 7 8
    2 5 2
    2 8 9 8
```
(2)
```
        2 4
    ×   9 6
      1 4 4
    2 1 6
    2 3 0 4
```

5 760개

6 2016그릇

5 20×38=760

6 72×28=2016

26〜27쪽

표현하기

스스로 정리

1
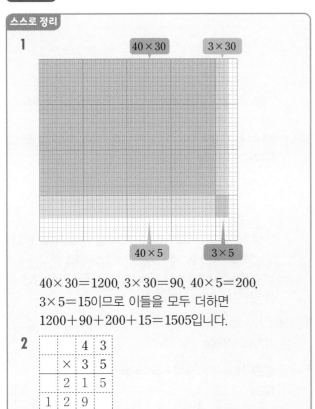
40×30   3×30
40×5   3×5

40×30=1200, 3×30=90, 40×5=200,
3×5=150이므로 이들을 모두 더하면
1200+90+200+15=1505입니다.

2
```
          4 3
      ×   3 5
        2 1 5
      1 2 9
      1 5 0 5
```

개념 연결

세로로 곱하기
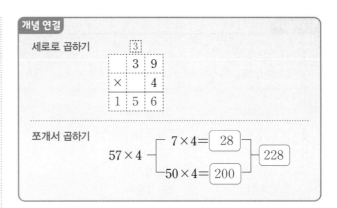
```
      [3]
        3 9
    ×     4
    1 5 6
```

쪼개서 곱하기

$57×4$
- $7×4= \boxed{28}$
- $50×4= \boxed{200}$
→ $\boxed{228}$

1
```
      1 1
      2 4 5
    ×     3
      7 3 5
```

예 일의 자리를 곱한 결과 15 중 10을 십의 자리에 올림
해주고 남은 5를 일의 자리에 써. 십의 자리를 곱한 결
과 120에 올림한 10을 더하면 130인데 이 중 100을
백의 자리에 올림해 주고 남은 30을 십의 자리에 써.
백의 자리를 곱한 결과 600에 올림한 100을 더하면
700이므로 이것은 백의 자리에 써.

245×3=200×3+40×3+5×3
　　　 =600+120+15
　　　 =735

예 245를 200+40+5로 나누어 각각에 3을 곱해. 그래
서 나온 결과를 모두 더하면 735가 돼.

선생님 놀이

1 **예** 가로가 12칸, 세로가 26칸이므로
곱셈식은 12×26입니다.
10×20=200, 2×20=40, 10×6=60,
2×6=12이므로 이들을 모두 더하면
200+40+60+12=312입니다. 그러므로
12×26=312입니다.

2 **예** 객실 한 량은 1~15까지 15개 열이 있고,
각 열마다 A, B, C, D 네 자리씩이므로 좌석이
15×4=60(개)입니다.
객실이 15량이므로 전체 좌석은
60×15=900(개)입니다.

1 (1) 246   (2) 459
   (3) 3928   (4) 2052
   (5) 594   (6) 1302
   (7) 1308   (8) 1164

2 (1) 133   (2) 816
   (3) 1036   (4) 3024
   (5) 3776   (6) 6952
   (7) 2010   (8) 4590

3 예 파란색은 $20 \times 9 = 180$이고,
   빨간색은 $3 \times 9 = 27$입니다.
   따라서 $9 \times 23 = 180 + 27 = 207$입니다.

4 (위에서부터) 1, 8, 6

5 예 백 모형 1개에 6을 곱했으므로 백 모형이 6개
   가 됩니다. 십 모형 5개에 6을 곱했으므로 십
   모형이 30개가 됩니다. 십 모형 30개는 백 모형
   3개와 같습니다. 낱개 모형 4개에 6을 곱했으므
   로 낱개 모형이 24개가 있습니다. 낱개 모형 24
   개는 십 모형 2개와 낱개 모형 4개와 같습니다.
   따라서, 백 모형은 $6 + 3 = 9$이므로 900이고, 십
   모형은 2개이므로 20, 낱개 모형은 4개가 있으
   므로 924가 됩니다.

6 곱셈식 $20 \times 30 = 600$ 답 600개

7 곱셈식 $167 \times 7 = 1169$ 답 1169 m

8 곱셈식 $8 \times 34 = 272$ 답 272개

9 곱셈식 $85 \times 28 = 2380$ 답 2380개

4
$$\begin{array}{r} 9 \\ \times\ \bigcirc\ \bigcirc \\ \hline 1\ \bigcirc\ 2 \end{array}$$

$9 \times \bigcirc$에서 곱의 일의 자리 수가 2인 곱셈구구는
$9 \times 8 = 72$입니다. 따라서 $\bigcirc$은 8입니다.
$9 \times \bigcirc$의 값에 올림한 수 7을 더해서 $1\bigcirc$인 수는 $\bigcirc=1$일
때 $9 \times 1 = 9$, $9 + 7 = 16$이므로 $\bigcirc=1$이고, $\bigcirc=6$입니다.

1 이유 $76 \times 80 = 6080$인데
   6180으로 잘못 계산했습니다.

   바른계산
$$\begin{array}{r} 7\ 6 \\ \times\ \ 8\ 4 \\ \hline 3\ 0\ 4 \\ 6\ 0\ 8\ \ \\ \hline 6\ 3\ 8\ 4 \end{array}$$

2 곱셈식 $25 \times 25 = 625$

3 (1) $94 \times 76 = 7144$
   (2) $14 \times 26 = 364$

4 6804

5 (1) 해설 참조 / 5960원   (2) 1640원

6 1분은 60초이므로 $17 \times 60 = 1020$(km)입니다. /
   1020 km

7 $48 \times 14 = 672$(마리) / 672마리

2 일의 자리가 같은 수를 곱해서 일의 자리가 같은 수가 나오
는 경우는 1×1, 5×5, 6×6뿐입니다. (두 자
리 수)×(두 자리 수)가 세 자리 수가 되므로 '수'는 1, 2, 3까지 되고 3보
다 큰 수는 될 수가 없습니다. 11×11, 21×21, 31×31, $15
\times 15$, 25×25, 35×35, 16×16, 26×26, 36×36 중에서 맞
는 답을 찾으면 됩니다.

3 (1) (두 자리 수)×(두 자리 수) ➡
$$\begin{array}{r} \bigcirc\ \bigcirc \\ \times\ \bigcirc\ \bigcirc \end{array}$$

가장 큰 값이 나오려면 수 카드 중 가장 큰 수 9와 두
번째로 큰 수 7을 $\bigcirc$과 $\bigcirc$에 놓습니다.
$96 \times 74 = 7104$, $94 \times 76 = 7144$이므로 곱이 가장 큰 곱
셈식은 $94 \times 76 = 7144$입니다.

(2) (두 자리 수)×(두 자리 수) ➡
$$\begin{array}{r} \bigcirc\ \bigcirc \\ \times\ \bigcirc\ \bigcirc \end{array}$$

가장 작은 값이 나오려면 수 카드 중 가장 작은 수 1과
두 번째로 작은 수 2를 $\bigcirc$과 $\bigcirc$에 놓습니다.
$14 \times 26 = 364$, $16 \times 24 = 384$이므로 곱이 가장 작은 곱
셈식은 $14 \times 26 = 364$입니다.

4 하늘: $27 \times 36 = 972$
강: $972 \times 7 = 6804$

5 (1) 방법1 $745 \times 8 = 5600 + 320 + 40 = 5960$
방법2
$$\begin{array}{r} 3\ 4 \\ 7\ 4\ 5 \\ \times\ \ \ \ \ \ 8 \\ \hline 5\ 9\ 6\ 0 \end{array}$$

(2) B 마트에서 당근을 사면 $950 \times 8 = 7600$(원)이므로 A
마트에서 사는 것보다 $7600 - 5960 = 1640$(원)을 더 내
야 합니다.

2단원 나눗셈

1 (1) 6   (2) 4

2 (위에서부터) 10, 2, 5 / 10, 5, 2
    또는 10, 5, 2 / 10, 2, 5

3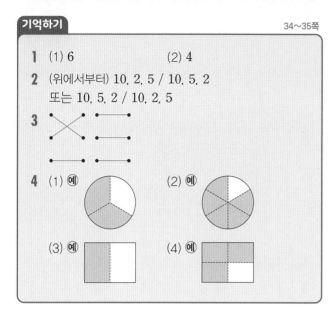

4 (1) 예   (2) 예

    (3) 예   (4) 예

선생님의 참견

(두 자리 수)÷(한 자리 수)를 계산하기 위해 나눗셈의 기본 원리인 몇 명에게 똑같이 나눠 주기나 몇 개씩 똑같이 묶는 방법을 연결합니다. 개수가 늘어나도 사용하는 원리는 변함이 없어요.

1 (1) 31÷4
    (2)

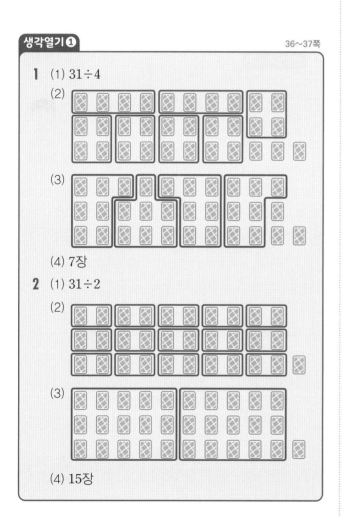

    (4) 7장

2 (1) 31÷2
    (2)

    (4) 15장

1 (1)

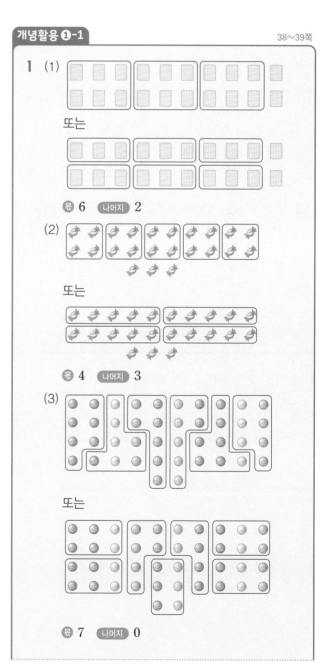

또는

몫 6 나머지 2

    (2)

또는

몫 4 나머지 3

    (3)

또는

몫 7 나머지 0

2 (1) 3…4　　(2) 7…5　　(3) 5…0

(4) 6…4　　(5) 9…2　　(6) 7…2

(7)
```
        8
   9) 8 0
      7 2
        8
```

(8)
```
        5
   4) 2 1
      2 0
        1
```

(9)
```
        7
   2) 1 5
      1 4
        1
```

(10)
```
        8
   3) 2 6
      2 4
        2
```

(11)
```
        7
   5) 3 6
      3 5
        1
```

(12)
```
        8
   6) 4 8
      4 8
        0
```

개념활용 ❶-2　　　　　　　　　40~41쪽

1 해설 참조

2 (1)
```
        1 2
   5) 6 3
      5 0
      1 3
      1 0
        3
```
(2)
```
        1 6
   6) 9 8
      6 0
      3 8
      3 6
        2
```

3 산이가 잘못 계산했습니다. 산이의 계산에서 74를 4로 나눈 나머지가 6인데, 나머지 6이 나누는 수 4보다 크기 때문입니다.
나머지는 항상 나누는 수보다 작아야 합니다.

4 (1) 35…0　　(2) 16…2

(3) 14…3　　(4) 13…0

(5) 15…2　　(6) 12…0

1 먼저 십 모형 3개를 1개씩 3묶음으로 나눕니다.
남은 십 모형 1개를 일 모형 10개로 바꾸면 일 모형은 모두 16개가 됩니다. 일 모형 15개를 똑같이 5개씩 3묶음으로 나누면 일 모형 1개가 남습니다. 그러므로 46÷3＝15…1입니다.

생각열기 ❷　　　　　　　　　42~43쪽

1 (1) 602÷3

(2)
```
        2 0 0
   3) 6 0 2
      6 0 0
            2
```
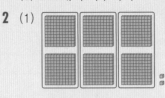

(3) 200개씩 나누어 주고 2개가 남습니다.

2 (1)

(2) 200씩 3묶음이고, 나머지는 2개입니다.

(3) 200씩 3묶음이므로, 200×3에 2를 더하면 602가 됩니다.

3 나누는 수와 몫을 곱한 후에, 나머지를 더하면 나누어지는 수가 됩니다.

선생님의 참견

(세 자리 수)÷(한 자리 수)의 계산은 이미 알고 있는 나눗셈의 원리와 방법을 적용하면 해결돼요. 나눗셈의 계산 결과는 곱셈식을 통해 꼭 확인해야 하지요.

1 (1)
```
    2 0 1
4) 8 0 6
   8
   ───
     6
     4
   ───
     2
```
(2)
```
    4 0 0
2) 8 0 0
   8
   ───
     0
```

2 (1)
```
     5 4
5) 2 7 0
   2 5
   ───
     2 0
     2 0
   ───
       0
```
(2)
```
     7 6
6) 4 5 6
   4 2
   ───
     3 6
     3 6
   ───
       0
```

3 (1)
```
   1 4 0
3) 4 2 0
   3
   ───
   1 2
   1 2
   ───
       0
```
(2)
```
   1 6 0
4) 6 4 0
   4
   ───
   2 4
   2 4
   ───
       0
```

4 (1)
```
     7 1
5) 3 5 6
   3 5
   ───
     6
     5
   ───
     1
```
(2)
```
     6 6
6) 3 9 9
   3 6
   ───
     3 9
     3 6
   ───
       3
```

5 (1)
```
   2 5 9
3) 7 7 8
   6
   ───
   1 7
   1 5
   ───
     2 8
     2 7
   ───
       1
```
(2)
```
   2 3 1
4) 9 2 5
   8
   ───
   1 2
   1 2
   ───
       5
       4
   ───
       1
```

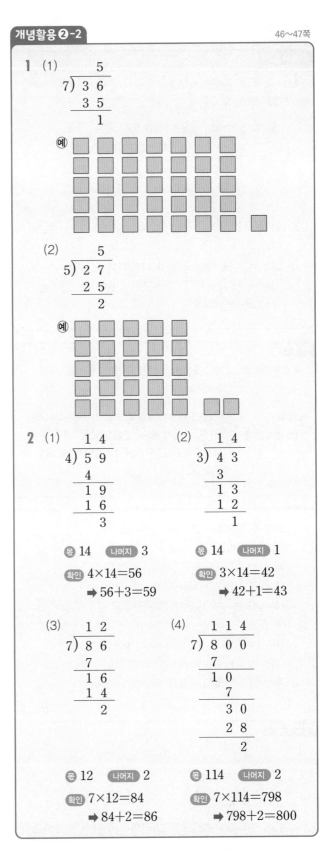

1 (1)
```
     5
7) 3 6
   3 5
   ───
     1
```
예

(2)
```
     5
5) 2 7
   2 5
   ───
     2
```
예

2 (1)
```
   1 4
4) 5 9
   4
   ───
   1 9
   1 6
   ───
     3
```
몫 14　나머지 3
확인 $4×14=56$
➡ $56+3=59$

(2)
```
   1 4
3) 4 3
   3
   ───
   1 3
   1 2
   ───
     1
```
몫 14　나머지 1
확인 $3×14=42$
➡ $42+1=43$

(3)
```
   1 2
7) 8 6
   7
   ───
   1 6
   1 4
   ───
     2
```
몫 12　나머지 2
확인 $7×12=84$
➡ $84+2=86$

(4)
```
   1 1 4
7) 8 0 0
   7
   ───
   1 0
     7
   ───
     3 0
     2 8
   ───
       2
```
몫 114　나머지 2
확인 $7×114=798$
➡ $798+2=800$

1 (1) 7개씩 5줄을 그리고 낱개 1개를 그립니다.

(2) 5개씩 5줄을 그리고 낱개 2개를 그립니다.

스스로 정리

1
```
    2 8 8
3 ) 8 6 5
    6
    2 6
    2 4
      2 5
      2 4
        1
```
865÷3=288…1
865÷3의 몫은 288,
나머지는 1입니다.

2 어떤 수는 나누어지는 수이고, 나누는 수는 □입니다.

나누는 수에 몫을 곱하고 나머지를 더하면 나누어지는 수가 나옵니다. 그러므로 어떤 수는 □×△+☆와 같습니다.

개념 연결

똑같이 나누기	18÷3=6이므로 한 명이 6개씩 가질 수 있습니다.
곱셈과 나눗셈의 관계	사과는 6개씩 4줄이므로 6×4=24(개)입니다. 이것을 나눗셈식으로 바꾸면 24÷6=4 또는 24÷4=6으로 쓸 수 있습니다.

1 오른쪽 계산에서 73÷4의 몫은 18, 나머지는 10이야.

계산 결과가 맞는지는 나누는 수와 몫을 곱하고 거기에 나머지를 더한 값이 나누어지는 수와 같은지를 확인해서 알 수 있어.

18×4=72이고, 여기에 나머지 1을 더하면 72+1=73(나누어지는 수)이므로 계산 결과가 맞다는 것을 확인할 수 있어.

```
      1 8
4 ) 7 3
    4
    3 3
    3 2
      1
```

선생님 놀이

1
```
      5 0
9 ) 4 5 5
    4 5
        5
```
455÷9=50…5이므로 50개의 바구니가 필요하고, 5개가 남습니다.

2
```
    1 1 3           1 4
3 ) 4 2        3 ) 4 2
    3              3
    3 9            1 2
    3              1 2
      9              0
      9
      0
```
➡

처음 몫의 자리에 1을 쓰고 3을 곱한 값을 십의 자리 밑에 써야 하는데 이것을 일의 자리에 쓰고 뺄셈을 했습니다. 몫의 자리에 쓴 1은 그냥 1이 아니고 10이기 때문입니다.

1
```
      1 2
6 ) 7 2
    6
    1 2
    1 2
      0
```

2 (1)
```
      1 4
2 ) 2 8
    2
    8
    8
    0
```
몫 14   나머지 0

(2)
```
      1 9
4 ) 7 7
    4
    3 7
    3 6
      1
```
몫 19   나머지 1

(3)
```
      2 0
2 ) 4 0
    4
    0
```
몫 20   나머지 0

(4)
```
      2 1
4 ) 8 7
    8
    7
    4
    3
```
몫 21   나머지 3

(5) 12…0   (6) 14…1

3

4 (1) 38
   (2) 157…1

(3)
```
       1 3 8
   3 ) 4 1 6
       3
       1 1
         9
         2 6
         2 4
           2
```

(4)
```
         9 8
   4 ) 3 9 4
       3 6
         3 4
         3 2
           2
```

5 96÷6에 ○표

6 52÷4에 ○표

7 식 56÷4=14
　답 14개씩 나누어 줄 수 있습니다.

8 ㉠, ㉡

9 식 954÷6=159
　답 159장을 줄 수 있고, 남는 것은 없습니다.

10 식 128÷5=25…3
　답 한 상자에 25개씩 담을 수 있고, 3개가 남습니다.
　확인 5×25=125, 125+3=128

11 나눗셈식 54÷3=18
　몫 18
　나머지 0
　확인 3×18=54

단원평가 심화

1 (1) 1권씩 나누어 주면 336명에게 나누어 줄 수 있습니다. / 1권씩, 336명

(2) 1권씩 나누어 주면 336명에게 나누어 줄 수 있습니다.
2권씩 나누어 주면 168명에게 나누어 줄 수 있습니다.
3권씩 나누어 주면 112명에게 나누어 줄 수 있습니다.
4권씩 나누어 주면 84명에게 나누어 줄 수 있습니다.
6권씩 나누어 주면 56명에게 나누어 줄 수 있습니다.
7권씩 나누어 주면 48명에게 나누어 줄 수 있습니다.
8권씩 나누어 주면 42명에게 나누어 줄 수 있습니다.
/ 7가지

2 강이가 가지고 있는 구슬은 8×3=24(개), 산이가 가지고 있는 구슬은 5×5=25(개)이므로 섞으면 모두 24+25=49(개)입니다.
8개의 주머니에 구슬을 똑같이 나누어 담으면 49÷8=6…1이므로 각 주머니에는 6개의 구슬이 들어 있고 남은 구슬은 1개입니다.
따라서 남은 구슬을 더 넣은 주머니에 들어 있는 구슬은 6+1=7(개)입니다. / 7개

3
```
       2 1 1
   4 ) 8 4 5
       8
         4
         4
           5
           4
           1
```

4 나눗셈을 확인하는 방법을 이용하면,
9×8=72, 72+7=79이므로,
어떤 수는 79입니다.
/ 79

5 80은 8로 나누어떨어집니다. 88도 8로 나누어떨어집니다. 80, 88, 96, 104, 112, 120은 8로 나누어떨어집니다. 80보다 크고 120보다 작은 자연수이므로 88, 96, 104, 112 중에서 6으로 나누어떨어지는 수는 96입니다. 따라서 만족하는 수는 1개입니다. / 1개

6 나머지가 가장 큰 계산식을 만들어야 하므로, 나누는 수가 가장 커야 합니다. 만들 수 있는 나눗셈식은 47÷8, 74÷8입니다. 47÷8=5…7, 74÷8=9…2인데, 8로 나눌 때 가장 큰 나머지는 7이므로 나머지가 가장 큰 계산식은 47÷8=5…7입니다.
　나눗셈식 47÷8=5…7
　몫 5　나머지 7
　확인 5×8=40, 40+7=47

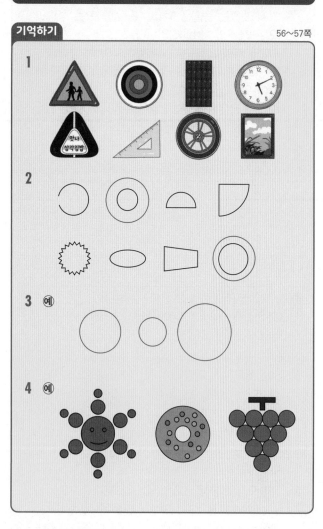

3 동전이나 음료수 캔 바닥, 컵의 바닥, 풀 뚜껑, 모양자 등을 이용하여 원을 그려 봅니다.

1 예 - 도구를 이용합니다.
　　 - 원 모양인 물체를 대고 그릴 수 있습니다.
　　 - 아무 도구 없이 그릴 수 있습니다.
　　 - 컴퍼스를 이용합니다.

2 (1) 예

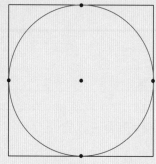

원의 바깥 부분이 정사각형을 벗어나지 않게 원을 그립니다.

(2) 예

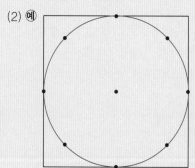

자를 이용하여 점을 찍고 이어서 정사각형을 벗어나지 않게 원을 그립니다.

(3) (2)의 방법이 조금 더 쉬웠습니다.

(4) 예 - 자를 이용하여 점을 좀 더 촘촘히 찍으면 보다 둥근 원을 그릴 수 있을 것 같습니다.
　　 - 좀 더 정확하게 원을 그릴 수 있는 방법을 찾아야 할 것 같습니다.
　　 - 다른 도구를 이용해 봐야 할 것 같습니다.

2 (1) 정사각형의 각 변의 가운데에 점을 찍고 찌그러지지 않게 원에 가깝게 그려봅니다.

선생님의 참견

2학년 때보다 원을 더 정확하게 그리기 위한 방법을 생각해 보세요. 원을 어떻게 그리는 것이 좋을지 생각해 보는 것이 중요해요. 필요하면 도구를 이용할 수 있어요.

1 예

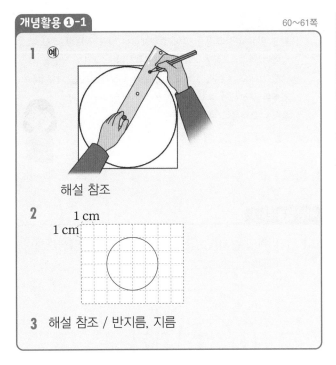

해설 참조

2 1 cm / 1 cm

3 해설 참조 / 반지름, 지름

1 띠 종이를 고정하고 연필을 구멍에 넣어 원을 그립니다. 연필 넣는 구멍을 달리하면 크기가 다른 원을 그릴 수 있습니다.

3 자전거 바퀴의 반지름을 재고 잰 반지름만큼 컴퍼스를 벌려서 컴퍼스의 침을 원의 중심에 꽂고 원을 그립니다.

3 1 cm / 1 cm

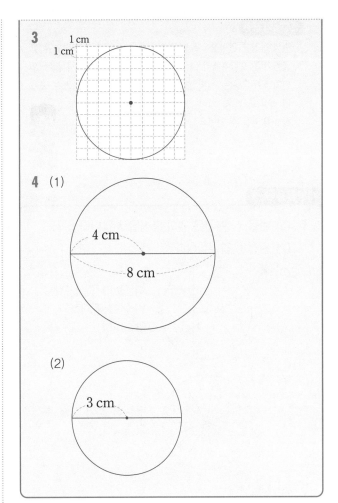

4 (1) 4 cm / 8 cm

(2) 3 cm

4 (1) 지름이 8 cm이므로 반지름이 4 cm인 원을 그립니다.

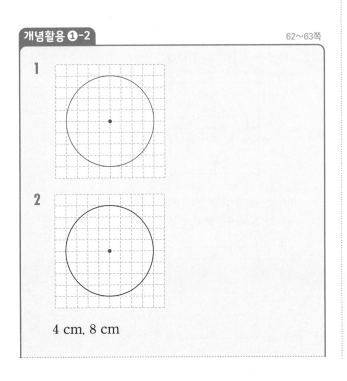

1

2

4 cm, 8 cm

1 (1) — 자전거가 덜컹거려서 탈 수 없습니다.
　　　 — 자전거 바퀴가 잘 굴러가지 않습니다.

(2) 한 원에서 반지름의 길이는 모두 같으므로 자동차나 자전거가 덜컹거리지 않고 안정적으로 잘 굴러가려면 바퀴가 원 모양이어야 합니다.

2 (1) 허리나 신체를 이용해 돌리기를 할 때 이용합니다.

(2) 원 모양입니다.

(3) 허리(몸)에 대고 잘 돌리지 못할 것 같습니다.

(4) 안정적으로 일정하게 잘 돌릴 수 있으려면 원 모양이어야 합니다. 원은 반지름의 길이가 모두 같기 때문에 원을 돌리면 안정적으로 잘 돌아갑니다.

169

개념활용 ❷-1
66~67쪽

1 (1) 반을 접은 선은 원의 중심을 지납니다.

(2) 완전히 겹쳐집니다.

(3) 예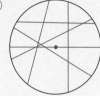

지름보다 긴 선분은 원 안에 존재하지 않습니다.

(4) 예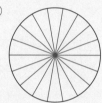

무수히 많이 그릴 수 있습니다.

2 (2) 지납니다.

(3) 2배입니다.

(4) 가장 긴 선분입니다.

(5) 무수히 많습니다.

생각열기 ❸
68~69쪽

1 (1) – 각각 규칙이 있습니다.

– 원을 이용해서 만든 모양입니다.

(2) ㉠, ㉡은 원의 중심은 같고 원의 반지름의 길이를 다르게 하여 그린 모양입니다.

㉢, ㉣은 원의 반지름의 길이는 같고 원의 중심을 다르게 하여 그린 모양입니다.

㉤은 원의 중심과 원의 반지름의 길이를 모두 다르게 하여 그린 모양입니다.

2 (1) – 안쪽에서 바깥쪽으로 갈수록 반지름의 길이가 한 칸씩 늘어납니다.

– 안쪽에서 바깥쪽으로 갈수록 지름이 두 칸씩 늘어납니다.

(2) 원 위의 한 점을 모두 맞춘 상태에서 지름(반지름)이 늘어나는 규칙이 있습니다.

개념활용 ❸-1
70~71쪽

1 (1) 원의 반지름이 안쪽에서 바깥쪽으로 일정하게 늘어납니다.

(2)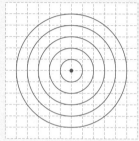

(3) 예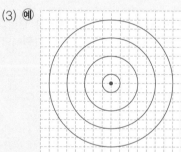

규칙 안쪽부터 원의 반지름이 2칸씩 늘어납니다.

2 (1) 5번 사용해야 합니다.

(2)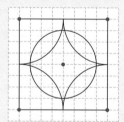

(3) 안에 그려진 원의 반지름: 3 cm,
바깥의 4등분된 원의 반지름: 4 cm

(4)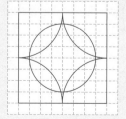

170

3 (1)

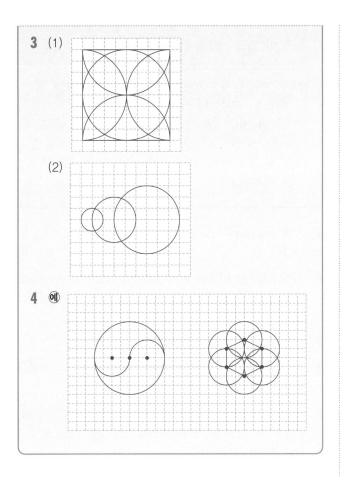

(2)

4 예

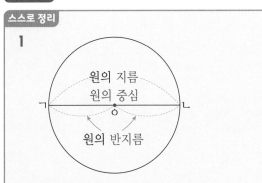

74~75쪽

표현하기

스스로 정리

1

원의 지름
원의 중심
원의 반지름

2 — 원의 중심에서 원 위의 한 점까지의 거리는 모두 같습니다. (반지름)
— 원의 지름은 무수히 많으며 그 길이는 모두 같습니다.
— 원 위의 두 점을 이은 선분 중 가장 긴 것이 원의 지름입니다.
— 원의 지름은 반드시 원의 중심을 지납니다.

개념 연결

원 모양 관찰하기

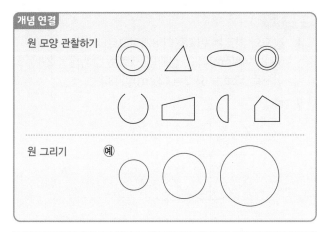

원 그리기   예

1 사용하는 도구에 따라 구분하면 다음과 같아.
① 원 모양 도구로 본뜨기

② 종이와 누름 못 이용하기

③ 컴퍼스로 그리기

여러 가지 도구를 사용해서 원을 그릴 수 있는데 먼저 원 모양의 물건을 대고 그릴 수 있고, 띠 종이를 누름 못으로 고정한 후 구멍에 연필을 넣어 그릴 수도 있어. 컴퍼스를 이용할 때는 원의 중심이 되는 점을 정하고 컴퍼스를 원의 반지름만큼 벌린 다음, 컴퍼스의 침을 원의 중심에 꽂아 원을 그리면 돼.

1 상자의 가로는 반지름이 8개이므로 가로는
6×8=48(cm)이고, 상자의 세로는 반지름이 2개
이므로 세로는 6×2=12(cm)입니다.

2 예

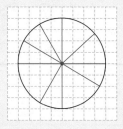

중심은 원의 한가운데 위치에 찍었고, 지름은 원의
중심을 지나 원 위의 두 점을 잇는 선분이며, 반지
름은 원의 중심과 원 위의 한 점을 이은 선분입니
다.

단원평가 기본   76~77쪽

1 6 cm

2

3

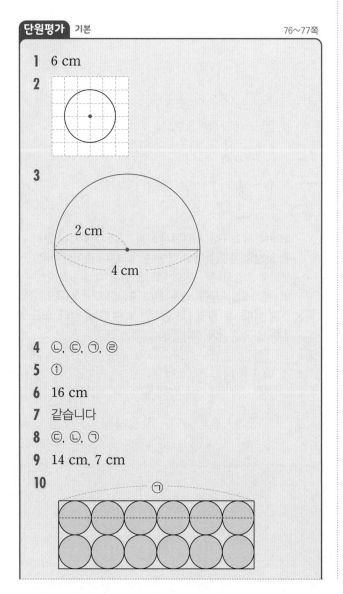

4 ㉡, ㉢, ㉠, ㉣
5 ①
6 16 cm
7 같습니다
8 ㉢, ㉡, ㉠
9 14 cm, 7 cm
10

직사각형의 가로의 길이는 반지름의 12배이므로
㉠의 길이는 12 cm가 됩니다. / 12 cm

11 가장 큰 원의 반지름이 20 cm이고, 두 번째로 큰
원의 반지름은 15 cm, 세 번째로 큰 원의 반지름
은 10 cm가 됩니다. 세 번째로 큰 원의 반지름의
길이가 가장 작은 원의 지름의 길이와 같으므로
가장 작은 원의 지름의 길이는 10 cm가 됩니다.
/ 10 cm

3 지름이 4 cm이므로 반지름이 2 cm인 원을 그리면 됩
니다.

4 지름의 길이를 비교해 보면 ㉠ 4 cm ㉡ 12 cm ㉢ 7 cm
㉣ 2 cm가 되고, 큰 원부터 나열하면 ㉡, ㉢, ㉠, ㉣이 됩니
다.

5 지름이 반지름의 2배입니다.

6 작은 두 원의 지름이 각각 8 cm이고, 작은 두 원의 지름의
합이 큰 원의 지름이므로 8+8=16(cm)입니다.

9 원 안에서 원의 중심을 지나는 가장 긴 선분이 지름이므로
지름은 14 cm이고, 반지름의 길이는 지름의 반이므로 7
cm 입니다.

1 (1), (2)

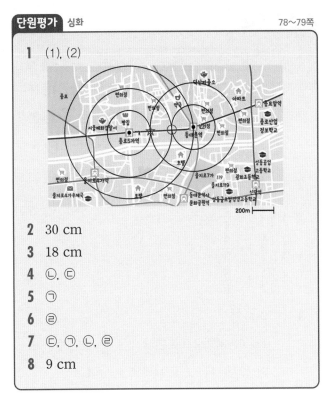

2 30 cm

3 18 cm

4 ㉡, ㉢

5 ㉠

6 ㉣

7 ㉢, ㉠, ㉡, ㉣

8 9 cm

2

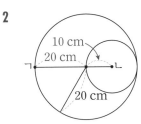

선분 ㄱㄴ은 20＋10＝30(cm)입니다.

3 삼각형 세 변의 길이의 합이 33 cm이고, 한 변은 15 cm 이며 나머지 두 변의 길이는 각각 반지름의 길이이므로 두 변의 길이의 합은 원의 지름의 길이와 같습니다. 따라서 원의 지름의 길이는 33－15＝18(cm)가 됩니다.

7 ㉠은 원의 중심을 옮기며 그렸으므로 침을 꽂아야 할 곳은 총 5개이고, ㉡ 역시 원의 중심을 옮기며 그렸고 침을 꽂아야 할 곳은 4개입니다. ㉢은 침을 꽂아야 할 곳이 6개입니다. ㉣은 원의 중심은 옮기지 않고 그렸으므로 침을 꽂아야 할 곳은 1개입니다.

8 세 변의 길이의 합이 30 cm이고, 선분 ㄱㄴ의 길이가 12 cm이므로 나머지 두 변의 합은 18 cm입니다. 삼각형 ㅇ ㄱㄴ에서 원의 반지름인 선분ㅇㄱ과 선분 ㅇㄴ의 길이는 같으므로 반지름의 길이는 18÷2＝9(cm)입니다.

4단원 분수

기억하기

1 (1) $\frac{3}{4}$, 4분의 3　　(2) $\frac{3}{5}$, 5분의 3

　(3) $\frac{4}{8}$, 8분의 4

2 예

3 (1) ＜　　　　　(2) ＜
　(3) ＞　　　　　(4) ＞

4 (1) ＞　　　　　(2) ＞

생각열기 ❶

1 (1) $\frac{2}{4}$, $\frac{1}{4}$이 2개

　(2) $\frac{4}{6}$, $\frac{1}{6}$이 4개

　(3) $\frac{8}{5}$, $\frac{1}{5}$이 8개

　(4) $\frac{7}{3}$, $\frac{1}{3}$이 7개

　(5) $1\frac{3}{4}$, 1컵과 $\frac{3}{4}$컵

　(6) $2\frac{1}{6}$, 2컵과 $\frac{1}{6}$컵

2 (1) － 분수 앞에 자연수가 있는 분수와 자연수가 없는 분수로 분류하면 좋을 것 같습니다.

　　 － 분자가 분모보다 큰 분수와 분자가 분모보다 작은 분수로 분류하면 좋을 것 같습니다.

　　 － 분수 앞에 자연수가 있는 분수, 분수 앞에 자연수가 없고 분자가 분모보다 큰 분수, 분수 앞에 자연수가 없고 분자가 분모보다 작은 분수로 분류하면 좋을 것 같습니다.

　　 － 1보다 큰 분수와 1보다 작은 분수로 분류하면 좋을 것 같습니다.

　(2) 해설 참조

---

2 (2) ・분수 앞에 자연수가 없는 것과 있는 것

$\frac{2}{4}$, $\frac{8}{5}$, $\frac{4}{6}$, $\frac{8}{12}$, $\frac{1}{2}$, $\frac{7}{3}$	$2\frac{1}{3}$, $1\frac{3}{5}$

- 분자가 분모보다 작은 것과 큰 것

$\dfrac{2}{4}$, $\dfrac{4}{6}$, $\dfrac{8}{12}$, $\dfrac{1}{2}$, $2\dfrac{1}{3}$, $1\dfrac{3}{5}$	$\dfrac{8}{5}$, $\dfrac{7}{3}$

- 분자가 분모보다 작은 분수, 분자가 분모보다 큰 분수, 분수 앞에 자연수가 있는 분수

$\dfrac{2}{4}$, $\dfrac{4}{6}$, $\dfrac{8}{12}$, $\dfrac{1}{2}$	$\dfrac{8}{5}$, $\dfrac{7}{3}$	$2\dfrac{1}{3}$, $1\dfrac{3}{5}$

- 1보다 작은 분수와 1보다 큰 분수

$\dfrac{2}{4}$, $\dfrac{4}{6}$, $\dfrac{8}{12}$, $\dfrac{1}{2}$	$\dfrac{8}{5}$, $2\dfrac{1}{3}$, $\dfrac{7}{3}$, $1\dfrac{3}{5}$

선생님의 참견

지금까지 분수는 1보다 작은 양을 나타내는 수로 생각했을 것이에요. 이제부터는 1 또는 1보다 큰 양도 분수로 나타낼 수 있어야 해요. 그림을 보고 1보다 큰 분수를 나타내는 방법을 생각해 보세요.

개념활용 ❶-1

86~89쪽

1 (1)
$\dfrac{1}{4}$ ▨ $\dfrac{2}{4}$ ▨ $\dfrac{3}{4}$ ▨ $\dfrac{4}{4}$ ▨

$\dfrac{5}{4}$ ▨ $\dfrac{6}{4}$ ▨

$1\dfrac{1}{4}$ ▨ $1\dfrac{2}{4}$ ▨

(2)

$\dfrac{4}{4}$ $1\dfrac{1}{4}$ $1\dfrac{2}{4}$

0 — $\dfrac{1}{4}$ — $\dfrac{2}{4}$ — $\dfrac{3}{4}$ — 1 — $\dfrac{5}{4}$ — $\dfrac{6}{4}$ — 2

(3) — 분수 앞에 자연수가 있는 분수와 자연수가 없는 분수로 나눌 수 있습니다.
　　 — 분자가 분모보다 큰 분수와 분자가 분모보다 작은 분수, 분자와 분모가 같은 분수로 나눌 수 있습니다.

2 진분수 $\dfrac{4}{5}$, $\dfrac{5}{9}$
　　가분수 $\dfrac{9}{7}$, $\dfrac{7}{4}$
　　대분수 $2\dfrac{4}{6}$, $6\dfrac{1}{3}$

개념활용 ❶-2

88~89쪽

1 (1) 예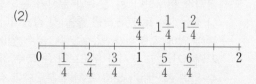
/ 3등분
/ 4등분
/ 5등분
/ 6등분

2 $\left(\dfrac{1}{3}\right)$, $1=\dfrac{3}{3}$
　　$\left(\dfrac{1}{4}\right)$, $1=\dfrac{4}{4}$
　　$\left(\dfrac{1}{5}\right)$, $1=\dfrac{5}{5}$
　　$\left(\dfrac{1}{6}\right)$, $1=\dfrac{6}{6}$

3 (1) $2=\dfrac{12}{6}$

1을 6등분했으므로 한 조각은 $\dfrac{1}{6}$이야. 2는 $\dfrac{1}{6}$이 12개니까 $\dfrac{12}{6}$로 나타낼 수 있어.

(2) $3=\dfrac{9}{3}$

1을 3등분했으므로 한 조각은 $\dfrac{1}{3}$이야. 3은 $\dfrac{1}{3}$이 9개니까 $\dfrac{9}{3}$로 나타낼 수 있어.

4 $1=\dfrac{3}{3}=\dfrac{4}{4}=\dfrac{5}{5}=\dfrac{6}{6}=\dfrac{7}{7}=\cdots\cdots$

5 $2=\dfrac{4}{2}=\dfrac{6}{3}=\dfrac{8}{4}=\dfrac{10}{5}=\dfrac{12}{6}=\cdots\cdots$

개념활용 ❶-3

90~91쪽

1 (1)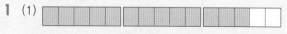

(2) $\dfrac{10}{5}$을 자연수로 나타낼 수 있습니다. 왜냐하면 $\dfrac{10}{5}$은 2와 같기 때문입니다.

(3) 바다는 가분수를 대분수로 잘못 고쳤습니다. 대분수는 자연수와 진분수로 이루어진 분수인데 $\dfrac{8}{5}$은 진분수가 아닌 가분수이기 때문입니다.

(4) $\dfrac{13}{5}$으로 만들 수 있는 가장 큰 자연수는 2입니다. 2는 $\dfrac{10}{5}$과 같고 이때 남은 진분수는 $\dfrac{3}{5}$입니다. 따라서 $\dfrac{13}{5}$을 대분수로 바꾸면 $2\dfrac{3}{5}$입니다.

2 (1)

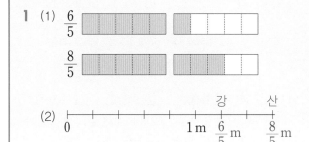

(2)

자연수 3은 $\frac{12}{4}$로 나타낼 수 있습니다.

(3) 3은 $\frac{12}{4}$입니다. 따라서 $3\frac{3}{4}$은 $\frac{15}{4}$입니다.

$3\frac{3}{4} = \frac{15}{4}$

3 (1) $4\frac{3}{5}$　　　　(2) $6\frac{1}{6}$

(3) $\frac{15}{4}$　　　　(4) $\frac{22}{5}$

고 $\frac{14}{10}$보다 작은 분수는 $\frac{13}{10}$입니다. 따라서 김치찌개를 끓일 때 필요한 물의 양은 $\frac{13}{10}$병입니다.

6 — 대분수를 가분수로 바꾸어 비교합니다.
　 — 가분수를 대분수로 바꾸어 비교합니다.

생각열기 ②　　　　　　　　　　92~93쪽

1 짬뽕에 물을 더 많이 넣어야 합니다. 자연수 부분이 같고, 분수 부분에서 분모는 같은데 분자가 짬뽕이 더 크기 때문입니다.

2 미역국에 물을 더 많이 넣어야 합니다. 분모는 같은데 분자가 미역국이 더 크기 때문입니다.

3 — 그림을 그려 비교합니다.
　 — 분수의 모양을 똑같이 만들어 비교합니다.
　 — 라면을 끓일 때 필요한 물의 양은 대분수, 미역국을 끓일 때 필요한 물의 양은 가분수입니다. 대분수를 가분수로 바꾸거나 가분수를 대분수로 바꾸어 비교합니다.
　 — 분수의 모양을 똑같이 만들어 비교하면 미역국에 물을 더 많이 넣어야 합니다.

4 $1\frac{4}{10}$를 가분수로 바꾸면 $\frac{14}{10}$입니다. 따라서 $1\frac{4}{10}$가 더 큽니다.

$\frac{11}{10}$을 대분수로 바꾸면 $1\frac{1}{10}$입니다. 따라서 $1\frac{4}{10}$가 더 큽니다.

5 $\frac{13}{10}$병에 ○표

미역국을 끓일 때 필요한 물의 양은 $\frac{12}{10}$병이고,

짬뽕을 끓일 때 필요한 물의 양은 $1\frac{4}{10}$병입니다.

$1\frac{4}{10}$를 가분수로 고치면 $\frac{14}{10}$입니다. $\frac{12}{10}$보다 크

개념활용 ②-1　　　　　　　　94~95쪽

1 (1) $\frac{6}{5}$

　 $\frac{8}{5}$

(2)

(3) 산이가 강이보다 더 멀리 뛰었습니다.
　 — 그림으로 나타내어 보니 산이가 강이보다 더 멀리 뛰었습니다.
　 — 수직선으로 나타내어 보니 $\frac{8}{5}$이 더 오른쪽에 있습니다.
　 — $\frac{6}{5}$과 $\frac{8}{5}$ 중 분자가 $\frac{8}{5}$이 더 큽니다.

(4) 분모가 같은 가분수끼리의 크기 비교에서는 분자가 큰 분수가 더 큽니다.

2 (1) <　　　　　　　(2) <
　 (3) >　　　　　　　(4) >

3 (1) 예

175

(2) 바다가 색종이를 더 많이 가지고 있습니다.
 — 한 장 짜리가 하늘이는 2장인데 바다는 3장
이기 때문입니다.
 — 그림으로 나타내어 보니 바다가 더 많이 가
지고 있습니다.
(3) 분모가 같은 대분수의 크기를 비교하려면 먼저
자연수의 크기를 비교하여 봅니다. 자연수의 크
기가 같으면 분자의 크기를 비교합니다.

3 (1) < (2) <
   (3) > (4) <

96~97쪽

개념활용 ②-2

1 (1) — 그림을 그려 비교합니다.
 — 모두 대분수로 바꾸거나 가분수로 바꾸어
비교합니다.

(2) 강:

하늘:

(3) 하늘 / 그림으로 그려서 비교해 보니 하늘이가
도화지를 더 많이 사용했습니다.
$2\frac{1}{4}$을 가분수로 바꾸면 $\frac{9}{4}$입니다. 따라서 $\frac{10}{4}$
장을 사용한 하늘이가 도화지를 더 많이 사용
했습니다.

(4) 분모가 같은 가분수와 대분수의 크기를 비교하
려면 분수를 가분수 또는 대분수로 나타내어
분수의 크기를 비교하면 됩니다.

2 (1) > (2) =
   (3) < (4) >
   (5) < (6) =

3

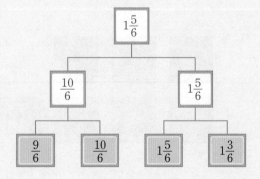

98~99쪽

생각열기 ③

1 (1)

(2) 배 1개는 배 전체의 $\frac{1}{6}$입니다. 전체 6묶음 중
에 1묶음이기 때문입니다.

(3) 사과 4개는 사과 전체의 $\frac{2}{4}$입니다. 전체 4묶음
중에 2묶음이기 때문입니다.

(4) 키위 9개는 키위 전체의 $\frac{3}{4}$입니다. 전체 4묶음
중에 3묶음이기 때문입니다.

2 (1)

(2) 2, 1, $\frac{1}{2}$

(3) 4, 3, $\frac{3}{4}$

(4) 강이는 전체 배의 $\frac{1}{2}$을 샀습니다. 배 6개를 2
팩으로 나누었으므로 배 한 팩은 3개입니다.
따라서 강이는 배 3개를 샀습니다. / 강이는 전
체 사과의 $\frac{3}{4}$을 샀습니다. 사과 8개를 4팩에
나누었으므로 사과 한 팩은 2개인데 3팩을 샀
으므로 강이가 산 사과는 6개입니다.

(5) 6, 2, $\frac{2}{6}$

(6) 산이는 전체 키위의 $\frac{2}{6}$를 샀습니다. 키위 12개
를 6팩으로 나누었으므로 키위 한 팩은 2개인
데 2팩을 샀으므로 산이가 산 키위의 수는 4개
입니다.

선생님의 참견

일상에서 전체의 $\frac{1}{2}$만큼 또는 $\frac{1}{3}$만큼 등 '분수만큼'이라는 용어를
자주 사용하지요. 과일이나 그림을 보고 전체를 똑같이 나눠
묶는 과정을 통해서 '분수만큼'의 뜻이 무엇인지를 파
악해 보세요.

100~101쪽

1 (1) 2개
(2) 1개
(3) $\dfrac{1}{2}$

2 (1) $\dfrac{1}{5}$　　　　(2) $\dfrac{2}{7}$

3 (1) 6, 4, $\dfrac{4}{6}$
(2) 3, 2, $\dfrac{2}{3}$
(3) 분모, 분자

4 (1) $\dfrac{2}{3}$　　　　(2) $\dfrac{3}{4}$

5 (1) ○○○○○ / $\dfrac{1}{5}$

(2) 예 ○○○○○○○○ / $\dfrac{2}{4}$

6 ☆☆☆☆☆☆☆☆☆☆☆☆☆☆☆☆☆☆
18개를 3개씩 묶으면 모두 6묶음이 됩니다. 9는 3개씩 3묶음이므로 9는 18의 $\dfrac{3}{6}$입니다.

102~103쪽

1 (1) 3묶음으로 나누어야 합니다.
(2)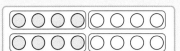
(3) 8, 16
(4) 8, 16
(5) 8명, 16명

2 ○○○○○○○○
8을 4묶음으로 나누면 한 묶음은 2입니다. 2가 3묶음이면 6입니다. 따라서 8의 $\dfrac{3}{4}$은 6입니다.

3
○○○○○○○○
○○○○○○○○

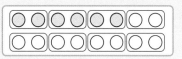

그림을 그려 살펴보면 16의 $\dfrac{2}{4}$는 8이고 16의 $\dfrac{3}{8}$은 6입니다.

4 (1) 　　0 cm　(4 cm)　(8 cm)　(12 cm)　(16 cm)

(2) 4 cm

5 　　0 cm　2 cm　4 cm　6 cm

6 cm를 3등분하면 한 칸은 2 cm, 2칸은 4 cm입니다. 따라서 6 cm의 $\dfrac{2}{3}$는 4 cm입니다.

104~105쪽

스스로 정리

1 (1) 진분수: $\dfrac{1}{4}$, $\dfrac{2}{4}$, $\dfrac{3}{4}$과 같이 분자가 분모보다 작은 분수
(2) 가분수: $\dfrac{4}{4}$, $\dfrac{5}{4}$와 같이 분자가 분모와 같거나 분모보다 큰 분수
(3) 대분수: $1\dfrac{1}{4}$과 같이 자연수와 진분수로 이루어진 분수

2 가분수와 대분수의 크기를 직접 비교하기 어려우므로 둘 중 어느 한 종류로 통일합니다.
첫째, $3\dfrac{2}{5}$를 가분수로 고치면 $\dfrac{17}{5}$이므로 $\dfrac{18}{5}$과 비교하면 $\dfrac{18}{5}$이 더 큽니다.
둘째, $\dfrac{18}{5}$을 대분수로 고치면 $3\dfrac{3}{5}$이므로 $3\dfrac{2}{5}$와 비교하면 $3\dfrac{3}{5}$, 즉 $\dfrac{18}{5}$이 더 큽니다.

개념 연결

분수
(1) 전체를 똑같이 2로 나눈 것 중 1을 $\dfrac{1}{2}$이라고 합니다.
(2) 전체를 똑같이 3으로 나눈 것 중 2를 $\dfrac{2}{3}$라고 합니다.

분수의 크기 비교　▨▨▨▨□□　　▨▨▨□□
　　　　　　　　　　　　>

카드 20장의 $\frac{3}{5}$은 카드 20장을 똑같이 5묶음으로 나눈 것 중 3묶음인데, 1묶음이 4장씩이므로 3묶음은 12장이야.

선생님 놀이

1 쿠폰 36장을 똑같이 4묶음으로 나누면 1묶음이 9장씩이므로 강이는 쿠폰 9장을 가졌습니다.

쿠폰 36장을 똑같이 9묶음으로 나누면 1묶음이 4장씩이므로 산이는 쿠폰 8장을 가졌습니다.

36−9−8=19이므로 바다는 쿠폰 19장을 가졌습니다. 바다가 가장 많이 가졌습니다.

2 $\frac{9}{5}=1\frac{4}{5}$이므로 □ 안에 들어갈 수 있는 수는 4보다 작은 1, 2, 3입니다.

단원평가 기본   106~107쪽

1 진분수 $\frac{4}{9}$, $\frac{2}{3}$, $\frac{7}{11}$

가분수 $\frac{17}{6}$, $\frac{15}{7}$, $\frac{40}{9}$

대분수 $1\frac{3}{4}$, $3\frac{1}{9}$, $6\frac{3}{5}$

2 진분수 $\frac{1}{2}$, $\frac{3}{4}$, $\frac{5}{7}$, ...

가분수 $\frac{7}{4}$, $\frac{6}{2}$, $\frac{5}{3}$, ...

대분수 $6\frac{3}{5}$, $4\frac{1}{2}$, $5\frac{4}{6}$, ...

3 $\frac{1}{5}$, $\frac{2}{5}$, $\frac{3}{5}$, $\frac{4}{5}$

4 ⑤

5 (1) $\frac{11}{6}$ (2) $\frac{23}{7}$

(3) $\frac{13}{5}$ (4) $3\frac{1}{8}$

(5) $2\frac{2}{3}$ (6) 6

6 (1) <   (2) <
(3) >   (4) =

7 $\frac{25}{6}$, $3\frac{2}{6}$, $\frac{19}{6}$

8 (1) $\frac{1}{4}$

(2) $\frac{3}{5}$

9 (1) 9

(2) 14

10 (1) $\frac{4}{12}$, $\frac{2}{6}$, $\frac{1}{3}$

(2) $\frac{8}{24}$, $\frac{4}{12}$, $\frac{2}{6}$, $\frac{1}{3}$

11 30을 5묶음으로 나누면 한 묶음은 6개입니다. 30의 $\frac{3}{5}$은 30을 5묶음으로 나눈 것 중 3묶음이므로 18개입니다. 따라서 남은 쿠키는 30−18=12(개)입니다. / 12개

2 수 카드로 분자가 분모보다 작은 분수를 만들면 진분수, 분자가 분모와 같거나 분모보다 큰 분수를 만들면 가분수, 자연수와 진분수로 이루어진 분수를 만들면 대분수가 됩니다.

3 진분수는 분자가 분모보다 작은 분수입니다. 분모가 5인 진분수의 분자는 5보다 작아야 하므로 분모가 5인 진분수는 $\frac{1}{5}$, $\frac{2}{5}$, $\frac{3}{5}$, $\frac{4}{5}$입니다.

4 대분수는 자연수와 진분수로 이루어져 있습니다. $\frac{\square}{7}$는 진분수이므로 □ 안에 들어갈 수 있는 수는 7보다 작은 1, 2, 3, 4, 5, 6입니다.

5 (1) 1은 $\frac{6}{6}$입니다. 따라서 $1\frac{5}{6}$는 $\frac{11}{6}$입니다.

(2) 3은 $\frac{21}{7}$입니다. 따라서 $3\frac{2}{7}$는 $\frac{23}{7}$입니다.

(3) 2는 $\frac{10}{5}$입니다. 따라서 $2\frac{3}{5}$는 $\frac{13}{5}$입니다.

(4) $\frac{24}{8}$는 3입니다. 따라서 $\frac{25}{8}$는 $3\frac{1}{8}$입니다.

(5) $\frac{6}{3}$는 2입니다. 따라서 $\frac{8}{3}$은 $2\frac{2}{3}$입니다.

(6) $\frac{24}{4}$는 6입니다.

7 모두 대분수로 나타내면 $3\frac{2}{6}$, $\frac{25}{6}=4\frac{1}{6}$, $\frac{19}{6}=3\frac{1}{6}$이므로 가장 큰 분수부터 차례로 쓰면 $\frac{25}{6}$, $3\frac{2}{6}$, $\frac{19}{6}$입니다.

모두 가분수로 나타내면 $3\frac{2}{6}=\frac{20}{6}$, $\frac{25}{6}$, $\frac{19}{6}$이므로 가장 큰 분수부터 차례로 쓰면 $\frac{25}{6}$, $3\frac{2}{6}$, $\frac{19}{6}$입니다.

8 (1) 4개중 한 개이므로 $\dfrac{1}{4}$입니다.

    (2) 5묶음 중에 3묶음이므로 $\dfrac{3}{5}$입니다.

9 (1) 24개를 8등분하면 한 묶음에 3개입니다. 3개씩 3묶음이므로 24의 $\dfrac{3}{8}$은 9입니다.

단원평가 심화

1 $2\dfrac{7}{11}$

2 가분수와 대분수의 크기를 비교하기 위해서는 똑같은 형태의 분수로 바꾸어 비교해야 합니다. $5\dfrac{3}{4}$은 $\dfrac{23}{4}$과 같습니다. 가분수끼리의 크기 비교에서는 분자가 큰 분수가 더 큽니다. 따라서 공을 멀리 던진 친구의 이름을 순서대로 쓰면 민서, 나은, 승재입니다. / 민서, 나은, 승재

3 15를 3씩 묶으면 9는 5묶음 중 3묶음이므로 ㉠=3입니다.
15를 5씩 묶으면 10은 3묶음 중 2묶음이므로 ㉡=2입니다.
20을 4씩 묶으면 16은 5묶음 중 4묶음이므로 ㉢=4입니다.
20을 2씩 묶으면 전체 묶음의 수는 10이므로 ㉣=10입니다.
따라서 큰 것부터 차례대로 기호를 쓰면 ㉣, ㉢, ㉠, ㉡입니다. / ㉣, ㉢, ㉠, ㉡

4 3, 4, 5

5 1시간은 60분입니다. 60분을 6등분한 것 중 하나는 10분입니다. 동혁이는 오늘 수학 공부를 $1\dfrac{4}{6}$시간 했으므로 1시간과 10분씩 4칸, 40분 공부했습니다. 총 1시간 40분입니다. 국어 공부는 $\dfrac{8}{6}$시간 했으므로 10분씩 8칸, 즉 80분 공부했습니다. 80분은 1시간 20분입니다. 따라서 동혁이는 수학 공부를 20분 더 많이 했습니다. / 수학, 20분

6 36의 $\dfrac{3}{9}$은 36을 9묶음으로 나눈 것 중 3묶음입니다. 36을 9묶음으로 나누면 한 묶음이 4이므로 3묶음은 12입니다. 따라서 36의 $\dfrac{3}{9}$은 12입니다. 36을 6묶음으로 나누면 한 묶음이 6이고, 3묶음은 18이므로 36의 $\dfrac{3}{6}$은 18입니다. 따라서 초코우유는 12개, 딸기우유는 18개이고 나머지 6개는 바나나우유입니다. / 12개, 18개, 6개

7 3묶음이 18이므로 1묶음은 6입니다. 총 5묶음이므로 어떤 수는 30입니다. 30의 $\dfrac{2}{6}$는 30을 6묶음으로 나눈 것 중 2묶음입니다. 30을 6묶음으로 나누면 1묶음이 5개, 2묶음이 10개입니다. 따라서 어떤 수의 $\dfrac{2}{6}$는 10입니다. / 10

1 대분수이므로 자연수와 진분수로 이루어져 있습니다. 2보다 크고 3보다 작기 때문에 자연수 부분은 2입니다. 분모와 분자의 합이 18인데 분모가 11이므로 분자는 7입니다. 따라서 조건을 만족하는 분수는 $2\dfrac{7}{11}$입니다.

4 $\dfrac{26}{7}$을 대분수로 고치면 $3\dfrac{5}{7}$이므로 $3\dfrac{5}{7} < \square\dfrac{6}{7} < 6\dfrac{2}{7}$입니다. 따라서 $\square$ 안에 들어갈 수 있는 수는 3, 4, 5입니다. 6을 넣으면 $6\dfrac{6}{7}$으로 $6\dfrac{2}{7}$보다 크기 때문에 성립하지 않습니다.

기억하기 112~113쪽

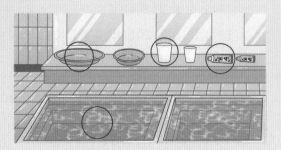

2 ( ) (○)
3 귤(오른쪽)에 ○표
4 (1) 무겁습니다에 ○표
(2) 가볍습니다에 ○표

생각열기 ❶ 114~115쪽

1 📝 ― 한쪽에 물을 가득 받아 다른 쪽에 부어 봅니다. 대야나 다른 도구로 몇 번 물을 부어야 가득 차는지 물을 부은 횟수를 세어 봅니다.
― 두 풀장에 물을 채워 다른 욕조에 부어 봅니다.
― 똑같은 세기로 물을 틀고 시간을 재서, 더 오래 틀어야 가득 차는 풀장을 찾습니다.
2 (1) 해설 참조
(2) ( ) (○)
(3) 산이가 가장 적절하지 않은 도구를 사용했습니다. 높이의 차이가 보이지 않아 두 주스의 양을 비교하기 어려운 넓은 대야를 사용했기 때문입니다.
3 📝이유 주스가 얼마나 더 많은지 비교할 때 서로 다른 컵을 사용하여 비교했습니다.
해결 방법 비교할 때 사용하는 도구를 똑같이 맞춥니다. 비교할 때 단위를 약속으로 정해 비교합니다.

2 (1) ( ) (○)인 경우
📝 왼쪽 통은 손잡이 때문에 주스가 들어가지 않는 부분이 있어서 오른쪽에 더 많이 들어갈 것 같습니다.
(○) ( )인 경우
📝 왼쪽 통의 아랫부분이 더 통통해서 더 많은 물이 들어갈 수 있을 것 같습니다.

선생님의 참견

통의 크기에 따라 들이를 재기 위한 적절한 도구(기구)를 생각해 보세요. 또한 들이를 비교하는 여러 가지 방법을 알아보고, 들이가 얼마나 더 큰지 의사소통하는 과정에서 생겨나는 문제점을 생각해 보고, 이를 해결하는 방법에는 어떤 것이 있을지 생각해 보세요.

개념활용 ❶-1 116~117쪽

1 작은 병이라는 것이 정확한 기준이 될 수 없기 때문에 모둠별로 생각하는 양이 서로 달랐습니다.
2 (1) (○) ( )
(2) ( ) (○)
3 (1) (왼쪽에서부터) mL, mL, L, L에 ○표
(2) 강
(3) 하늘
4 ― 들이의 양을 비교할 때 서로 헷갈리지 않을 수 있습니다.
― 도구로 물을 채워 넣는 과정이 없어도 들이의 단위를 사용하여 말하면 비교하기가 편리합니다.
― 들이의 단위를 사용하여 통의 크기를 말하면 쉽게 얼마나 담기는지 예상할 수 있습니다.

1 똑같은 크기의 병을 정해 주거나 양을 정확히 나타낼 수 있는 기준이나 단위가 필요합니다.

개념활용 ❶-2 118~119쪽

1 (1) 3, 1 (2) 9500
(3) 5, 700 (4) 3080
2 (1) 약 3 L 또는 약 3000 mL
(2) 약 1.5 L 또는 약 1500 mL
(3) 약 0.6 L 또는 약 600 mL
3 (1) 1, 200 / 1200
(2) 1, 500 / 1500
4 (1) (왼쪽 아래부터) 1, 300 / 1, 700
(오른쪽 아래부터) 600 / 1000 / 2000 / 2200
(2) 2, 200 / 2200

1 (1) 5 L 비커에 반이 넘게 들어 있으므로 이에 알맞게 어림합니다.

(2) 2 L 비커에 반이 넘게 들어 있으므로 이에 알맞게 어림합니다.

(3) 1 L 비커에 반이 조금 넘게 들어 있으므로 이에 알맞게 어림합니다.

개념활용 **❶-3**　　　　　　　　120~121쪽

1 1 L와 1 mL의 크기가 다른데, 같은 것으로 계산했으므로 잘못된 계산입니다.
1 L는 1000 mL이기 때문에 1001 mL라고 해야 합니다. 혹은 1 L 1 mL라고 해야 합니다.

2 (1) 우유 100 mL가 더 필요합니다.

(2) 90 L가 더 필요합니다.
15 L 항아리 4개의 들이는 $15 \times 4 = 60$(L)입니다. 따라서 150 L짜리 드럼통 1개와 15 L짜리 항아리 4개의 들이는 150 L + 60 L = 210 L입니다. 300 L − 210 L = 90 L이므로 물 90 L가 더 필요합니다.

3 (1) 2, 700

(2) 포도주스, 300 mL

4 (1)

(2) 1, 400

5 (1) 7 L 537 mL

(2) 5 L 999 mL

(3) 50 L 79 mL

(4) 4 L 943 mL

2 (1) 200 mL 우유 2개는 200 mL + 200 mL = 400 mL이므로, 500 mL − 400 mL = 100 mL입니다.

3 (1)
```
    1 L 200 mL
 +  1 L 500 mL
 ─────────────
    2 L 700 mL
```

(2)
```
    1 L 500 mL
 −  1 L 200 mL
 ─────────────
        300 mL
```

4 (1) 2 L 100 mL + 1 L 400 m = 3 L 500 mL입니다.

(2) 4 L 900 mL − 3 L 500 mL = 1 L 400 mL

생각열기 **❷**　　　　　　　　122~123쪽

1 (1) 가방은 여러 가지 종류가 많고 무게도 다양하기 때문에 가방 하나의 무게라는 것이 얼마나 더 무거운 것을 말하는지 추측하기 어렵습니다.

(2) 가방을 멘 하늘이는 강이보다 가방만큼 무겁습니다. 하늘이와 강이가 가방을 메지 않았을 때 무게가 같았기 때문입니다.
하늘이와 강이가 각각 체중계에 올라가서 무게를 재고 비교합니다.

2 (1) 가

(2) **예** 가 선물 상자는 구슬 6개만큼 무거울 것 같습니다.

(3) **문제점** 가 선물 상자와 나 선물 상자가 구슬 1개 무게만큼도 차이가 나지 않아서 구슬의 개수로 두 선물 상자의 무게를 비교하기 어렵습니다.

해결 방법 바둑돌과 같이 더 가벼운 물건을 사용해서 비교하거나 저울을 사용해서 무게를 잽니다.

3 (무게를 잰 경험)
− 목욕탕에서 체중계로 나의 몸무게를 쟀습니다.
− 마트에서 과일의 무게를 쟀습니다.
− 과학 시간에 바람을 넣은 풍선과 바람을 넣지 않은 풍선의 무게를 쟀습니다.

(필요한 것)
무게를 정확히 재려면 g이나 kg 등 무게의 단위가 필요합니다.

2 (1) 구슬 5개를 올렸을 때, 가 선물 상자의 저울이 더 기울어져 있습니다. 나 선물을 올린 저울은 덜 기울어져 있습니다.

(2) 저울이 기울어져 있어 구슬 몇 개만큼 무겁다고 설명하기 힘들지만 구슬 6개보다 더 많은 수를 적었을 경우에도 답으로 인정합니다.

무게를 비교하는 다양한 방법을 생각해 보세요. 또한 무게를 비교할 때 얼마나 무거운지 나타내는 과정에서 생겨나는 문제점을 생각해 보고, 이를 해결하기 위한 방법에는 어떤 것이 있을지 찾아보세요. 뿐만 아니라, 주변에서 무게를 재거나 무게를 잰 것을 본 경험을 적어 보며 무게를 재는 것이 언제 필요한지 생각해 보세요.

개념활용 ❷-1   124~125쪽

1 (1) 500원짜리 동전: g / 기차(ktx): t
 500 mL 물: g   / 자전거: kg
 유리병: g   / 비행기: t
 잠수함: t   / 동전 지갑: g
 과자: g   / 자동차: t

2 (바깥쪽, 시계 방향으로) 1000, 2000, 4000, 6000, 7000, 8000
 (안쪽, 시계 방향으로) 3, 5, 9

3 (1) 1   (2) 2
 (3) 2000   (4) 5

개념활용 ❷-2   126~127쪽

1 (1) 예 약 400 g
 (2) 예 약 1 kg

2 (1) 예 약 8 kg   (2) 예 약 200 g
 (3) 예 약 10 g   (4) 예 약 300 g

3 (1) 1, 400 / 1400 g
 (2) 2, 800 / 2800 g

4 (1) (시계 방향으로) 1000, 2500, 3000, 3500
 (2) 3 kg 700 g
 (3) 3700 g

5 (1) 2, 180   (2) 1, 5

1 (1) 300~500 g 정도로 어림하면 가깝게 어림한 것입니다.
 (2) 책가방은 다양해서 무게를 다양하게 어림할 수 있습니다. 500 g~2 kg 사이의 값이면 적절한 어림이라고 할 수 있습니다.

개념활용 ❷-3   128~129쪽

1 1 kg에 3 g을 더했으므로 1 kg 3 g입니다. 혹은 1 kg을 g으로 바꾸어서 1000 g＋3 g＝1003 g 이라고 할 수 있습니다.

2 (1) kg, kg에 ○표
 (2) 바다, 4 kg

3 (1) 동전을 다양하게 넣을 수 있으므로 아래 예시를 참고하세요.
 예 10원 2개, 50원 1개, 100원 1개, 500원 1개일 경우 1＋1＋4＋5＋8＝19(g)이고 동전 지갑에 넣었으므로 250 g＋19 g＝269 g 입니다.
 (2) 2 kg 468 g

4 (1) 노트북, 사전
 (2) 노트북, 유리컵

2 (2) 40 kg－36 kg＝4 kg

3 (2) 2 kg 200 g＋250 g＋18 g＝2 kg 468 g

4 (1) 3 kg 500 g을 만들려면 무거운 단위를 가진 노트북을 먼저 올려놓습니다.
 3 kg 500 g－2 kg 300 g＝1 kg 200 g이므로 사전 하나의 무게와 같습니다.
 따라서 빈 접시에 노트북과 사전을 올려놓으면 됩니다.
 (2) 2700 g을 만들려면 무거운 단위를 가진 노트북을 먼저 올려놓습니다.
 2700 g－2300 g＝400 g이므로 유리컵 하나의 무게와 같습니다.
 따라서 빈 접시에 노트북과 유리컵을 올려놓으면 됩니다.
 사전을 처음에 올려놓을 경우 2700 g－1200 g＝ 1500 g이므로 더 올려놓을 물건이 없습니다.

표현하기   130~131쪽

스스로 정리

1 들이의 단위는 mL와 L가 있습니다.
 mL와 L 사이에는 1 L＝1000 mL인 관계가 있습니다.

2 무게의 단위는 g, kg, t이 있습니다.
 kg과 g, kg과 t 사이에는 1 kg＝1000 g, 1 t＝1000 kg인 관계가 있습니다.

두 자리 수의 덧셈과 뺄셈

(1)
```
   2 3
 + 1 4
 ─────
   3 7
```

(2)
```
   4 5
 − 2 1
 ─────
   2 4
```

길이 비교

210 cm는 2 m 10 cm이므로 1 m 98 cm보다 더 깁니다.

또는 1 m 98 cm는 198 cm이므로 210 cm보다 더 짧습니다.

---

[1] 들이의 합을 구하려면 단위를 한 가지로 통일해야 하는데 나는 1240 mL를 1 L 240 mL로 고쳐서 같은 단위끼리 세로로 더할 거야.

```
   2 L 530 mL
 + 1 L 240 mL
 ────────────
   3 L 770 mL
```

[2] 무게의 차를 구하려면 단위를 한 가지로 통일해야 하는데 나는 1 kg 200 g을 1200 g으로 고쳐서 같은 자리끼리 세로로 뺄 거야.

```
   3600 g
 − 1200 g
 ─────────
   2400 g
```

1 각 사람의 마시기 전과 마신 후의 차이를 비교하면 마신 우유의 양을 구할 수 있습니다.

우승이가 마신 우유의 양: 1 L 800 mL−900 mL
=1800 mL−900 mL=900 mL

연승이가 마신 우유의 양: 2 L−1 L 500 mL
=2000 mL−1500 mL=500 mL

따라서 우승이와 연승이가 마신 우유의 양은
900 mL+500 mL=1400 mL=1 L 400 mL
입니다.

2 1 t은 1000 kg이므로 1050 kg보다 가볍습니다.
2 kg 300 g은 2300 g이므로 2410 g보다 가볍습니다.

따라서 무거운 것부터 순서대로 쓰면 ㉡, ㉣, ㉢, ㉠입니다.

단원평가 기본   132~133쪽

1 (1) mL에 ○표, L에 ○표
  (2) mL에 ○표, L에 ○표

2 1 L 490 mL

3 1모둠: 2003, 2, 3
  2모둠: 2400, 2, 400
  3모둠: 3203, 3, 203

4 kg에 ○표, g에 ○표

5 (1) 3000   (2) 2, 280

6 기린, 돼지, 펭귄, 170 kg
  또는 말, 돼지, 펭귄 470 kg

7 (1) 가: mL에 ○표   나: mL에 ○표
    다: L에 ○표   라: L에 ○표
    마: mL에 ○표   바: L에 ○표

  (2) 바, 라, 다, 마, 나, 가

8 (위에서부터) 5, 4000, 3, 2000, 1

---

2 4 L 990 mL−3 L 500 mL=1 L 490 mL입니다. 따라서 수증기로 변한 물의 양은 1 L 490 mL입니다.

6 ― 기린, 돼지, 펭귄을 태울 수 있습니다. 세 동물의 무게의 합은 830 kg이므로 1000 kg−830 kg=170 kg입니다. 따라서 기린, 돼지, 펭귄을 태우면 170 kg의 동물을 더 태울 수 있습니다.

  ― 말, 돼지, 펭귄을 태울 수 있습니다. 세 동물의 무게의 합은 530 kg이므로 1000 kg−530 kg=470 kg입니다. 따라서 말, 돼지, 펭귄을 태우면 470 kg의 동물을 더 태울 수 있습니다.

1 샘물회사

2 7 L 500 mL

3 ─ 2 L 600 mL 물통을 가득 채워 한 번 붓고
  200 mL 비커로 퍼내면 대야에는 2 L 400
  mL의 물이 담겨 있습니다. 여기에 2 L 600
  mL 물통을 한 번 더 채워 부으면 5 L의 물을
  담을 수 있습니다.
  ─ 2 L 600 mL 물통을 두 번 붓고, 200 mL만
  큼 퍼냅니다.
  ─ 2 L 600 mL 물통을 한 번 붓고, 200 mL 비
  커로 12번을 더 부어 줍니다.

4 1 kg+20 g+15 g+500 g+500 g+300
  g+400 g+5 g+500 g=1 kg 2240 g이고, 단
  위를 바꾸어 주면 1 kg+2 kg+240 g=3 kg
  240 g입니다. 재료가 그릇에 묻어 있는 양이나 물
  이 증발하는 양을 고려하지 않으면 약 3 kg 240 g
  입니다. / 3 kg 240 g

5 메달이 9개이면 150 g×9=1350 g입니다. 고리
  하나가 견디는 무게는 1300 g이므로 고리는 최소
  한 2개가 필요합니다. / 2개

1 10 L의 물을 부었을 때 샘물회사는 9170 mL의 물이, 맑
  음회사는 8870 mL의 물이 나왔습니다. 샘물회사의 정수
  기가 정수된 물이 300 mL 더 많이 나오므로 샘물회사의
  정수기를 구매하는 것이 더 좋습니다.

2 2 L 500 mL+5 L+5 L=12 L 500 mL
  20 L−12 L 500 mL=7 L 500 mL
  20 L 종량제 봉투에 쓰레기를 다 버리고 나면 종량제 봉투
  의 남는 들이는 7 L 500 mL입니다.

6단원 자료의 정리

1 빨강 5, 7 / 노랑 1, 6, 8, 9 / 초록 3, 10, 12 / 파
  랑 2, 4, 11

2 해설 참조

2

산이네 반 학생들이 좋아하는 동물별 학생 수

학생 수 (명)	하마	원숭이	사자	호랑이	코끼리
7				/	
6			/	/	
5			/	/	/
4	/		/	/	/
3	/		/	/	/
2	/	/	/	/	/
1	/	/	/	/	/

1 (1) 붙임딱지 붙이기 방법을 사용하여 조사했습니
    다.
  (2) 44명
  (3) 불고기를 좋아하는 학생이 더 많습니다.
  (4) 해설 참조
  (5) ─ 피자를 좋아하는 학생은 44명입니다.
    ─ 치킨을 좋아하는 학생은 54명입니다.
    ─ 불고기를 좋아하는 학생이 가장 많습니다.
    ─ 피자를 좋아하는 학생이 가장 적습니다.
    ─ 불고기, 치킨을 좋아하는 학생들은 각각 50
    명이 넘습니다
  (6) 치킨, 떡볶이입니다.
  (7) 해설 참조
  (8) ─ 각 교실마다 다니면서 직접 손을 들게 할
    수 있습니다.
    ─ 3학년 학생들에게 직접 물어봐서 조사할
    수 있습니다.

1 (4)

음식	피자	치킨	떡볶이	불고기	합계
학생 수(명)	44	54	50	56	204

3학년 학생이 좋아하는 음식

(7)

3학년 남학생과 여학생별 좋아하는 음식

음식	피자	치킨	떡볶이	불고기	합계
남학생 수(명)	17	31	30	26	104
여학생 수(명)	27	23	20	30	100

선생님의 참견

주어진 자료만 가지고 보는 것과 표를 만들어서 보는 것의 차이를 느끼면 표가 왜 필요한지 알 수 있어요. 표를 만드는 방법에 따라서 쓸모가 서로 다르다는 것도 느낄 수 있지요.

개념활용 ❶-1

142~143쪽

1 (1) 가: 직접 물어보기   나: 직접 손 들기
      다: 붙임딱지 붙이기
   (2) 두 번째, 세 번째에 ○표

2 (1) 5명
   (2) 4명
   (3) 개
   (4) 자료를 보면 학생들 각자가 어떤 것을 좋아하고 있는지 알 수 있습니다.
      표를 보면 각 동물을 몇 명이 좋아하는지 알 수 있고, 그 수를 알 수 있기 때문에 어떤 동물을 더 좋아하는지, 가장 좋아하는 동물이 무엇인지 등을 알 수 있습니다.

1 (1)

학년	학생 수
1학년	☺☺☺☺☺☺☺☺☺☺☺☺
2학년	☺☺☺☺☺☺☺☺☺
3학년	☺☺☺☺☺☺☺☺☺☺
4학년	☺☺☺☺☺☺☺
5학년	☺☺☺☺☺☺☺☺
6학년	☺☺☺☺☺☺☺☺

☺10명
☺1명

(2) 5학년
(3) 조사한 수의 많고 적음을 한눈에 쉽게 알아볼 수 있습니다.

2 (1) 10권을 나타내는 그림과 1권을 나타내는 그림 2가지로 표현할 수 있습니다.
   (2) 책에 대해 조사한 내용이므로 책 그림으로 나타내면 좋습니다.
   (3) 등
   (4)

3학년 학생들이 많이 본 책

책 종류	책의 수
위인전	📖📖📖📖📖 📕📕📕📕
만화책	📖📖📖📖📖📖 📕📕📕📕📕
과학책	📖📖📖 📕📕📕📕📕📕
동화책	📖📖📖📖📖 📕📕📕📕

10, 1

선생님의 참견

표를 그래프로 나타내면 볼 수 있는 게 달라져요. 표와 그래프 각각의 특징을 구별할 수 있다면 필요에 따라 표와 그래프를 적절하게 사용할 수 있어요.

1 (1) 놀이동산
 (2) 놀이동산에 가고 싶은 학생들이 가장 많고 미술관에 가고 싶은 학생들이 가장 적습니다.
 두 번째로 많이 가고 싶어 하는 장소는 수영장입니다. 동물원에 가고 싶어 하는 학생은 16명입니다.

2 (1) ㉠
 (2)

동네별 김밥집의 수

동네 이름	김밥집의 수
하늘	
바람	
나무	
산	

🍙 10개　🔘 1개

스스로 정리

1 ― 직접 손들어 조사하기
 ― 직접 물어보기
 ― 붙임딱지 붙이기

2 (위에서부터) 50, 25, 33, 46
 합계는 44+50+25+33+46=198(명)입니다.

개념 연결

분류하기

색깔	초록	파랑	노랑	분홍	빨강	합계
학생 수 (명)	3	3	2	2	2	12

표와 그래프
 (1) 조사한 내용을 한눈에 알아보기 쉽습니다.
 (2) 조사한 내용을 한눈에 비교하기 쉽습니다.

1️⃣ 그림그래프는 단위를 달리해서 그림으로 나타내기 때문에 조사한 수가 모두 일의 자리 수인 ㉠보다 조사한 수가 십의 자리 수인 ㉡이 더 적합하다고 생각해.

1 가장 많은 학생이 하고 싶어 하는 경기는 여학생은 박 터뜨리기, 남학생은 줄다리기입니다.
 여학생 수와 남학생 수의 합계가 가장 큰 경기는 박 터뜨리기입니다.

2

친구들과 줄넘기를 한 횟수

이름	줄넘기 횟수
정희	◎◎○○○
서연	◎◎◎○○○○○
준서	◎◎◎◎○
희망	◎◎◎◎○○

◎ 10회　○ 1회

1 ㉠, ㉣

2 (1) 4명
 (2) 오카리나
 (3) 6배

3 (1) 40명
 (2) 체육
 (3) 수학
 (4) 체육, 미술, 음악, 국어, 수학
 (5) 예 체육을 좋아하는 학생 수는 미술을 좋아하는 학생 수의 2배보다 많습니다.

4 (1) 📕, 👤 등
 (2) 10명, 1명에 ○표
 (3)

좋아하는 과목별 학생 수

과목	학생 수
국어	○○○○
수학	○○○
음악	○○○ ○○ ○○
미술	○○○ ○○ ○○○
체육	○○○○

○ 10명　○ 1명

5 ① 가장 많은 학생들이 좋아하는 과목은 체육입니다.
 ② 학생들이 세번째로 좋아하는 과목은 음악입니다.
 ③ 미술을 좋아하는 학생 수는 수학을 좋아하는 학생 수보다 많습니다.

6 수학을 더 재미있게 가르칠 것 같습니다. 좋아하는 학생 수가 적어서 더 많은 학생들이 좋아하게 만들기 위해서입니다.
체육을 더 재미있게 가르칠 것 같습니다. 좋아하는 학생들이 많아서, 더 흥미를 갖고 열심히 할 수 있기 때문입니다.

1 ㉠, ㉢은 같은 반 학생을 대상으로 조사할 수 있는 내용이므로 직접 손 들기 방법이 적절합니다.
㉡은 조사할 대상의 수가 너무 많기 때문에 직접 손 들기 방법보다는 붙임딱지 붙이기 방법이 더 적절합니다.
㉣은 조사 대상의 수가 적기 때문에 직접 손 들기 방법보다는 직접 물어보는 방법이 더 적절합니다.

2 (3) 피아노를 배우고 싶어 하는 학생은 12명이고 바이올린을 배우고 싶어 하는 학생은 2명이므로 6배입니다.

단원평가 심화   152~153쪽

1 (1) 직접 손들기 방법이나 붙임딱지 붙이기 방법을 사용하면 적절할 것 같습니다.
(2) 한라산의 높이는 정해져 있기 때문에 붙임딱지 붙이기 방법은 적절하지 않습니다.
(3) 가족과 같이 자주 만나고 대화할 수 있는 적은 수의 사람에게는 직접 물어보는 방법이 더 좋습니다.

2

친구들이 좋아하는 과자

과자 종류	새우 과자	감자 과자	양파 과자	쌀 과자	합계
사람 수(명)	20	6	7	12	45

3 (1) 그림그래프의 제목, 과자의 종류, 좋아하는 사람 수, 사람 10명이 나타내는 모양, 사람 1명이 나타내는 모양
(2)

친구들이 좋아하는 과자

과자 종류	사람 수
새우 과자	○ ○
감자 과자	○○○○○○
양파 과자	○○○○○○○
쌀 과자	○ ○○

○ 10명 ○ 1명

---

4 (1) 새우 과자를 좋아하는 친구들이 가장 많습니다. 감자 과자를 좋아하는 친구들이 가장 적습니다. 쌀 과자는 두 번째로 많은 친구들이 좋아하는 것입니다.
감자 과자를 좋아하는 사람 수와 양파 과자를 좋아하는 사람 수는 비슷합니다.
양파 과자를 좋아하는 사람 수와 쌀 과자를 좋아하는 사람 수를 합해도 새우 과자를 좋아하는 사람 수보다 적습니다.
(2) 친구들과 과자를 나누어 먹을 때는 새우 과자를 많이 사고, 감자 과자는 적게 사는 것이 좋을 것 같습니다. 한 가지 종류의 과자를 사야할 경우에는 새우 과자를 사면 좋을 것 같습니다.

1 (2) 붙임딱지 붙이기보다는 직접 한라산의 대한 자료를 조사하는 것이 좋습니다.
(3) 붙임딱지 붙이는 준비를 하고 진행을 하는 것보다 직접 물어보는 것이 더 좋습니다.

수학의 미래
초등 3-2

지은이 ｜ 전국수학교사모임 미래수학교과서팀

초판 1쇄 인쇄일 2021년 7월 26일
초판 1쇄 발행일 2021년 8월 2일

발행인 ｜ 한상준
편집 ｜ 김민정 강탁준 손지원 송승민 최정휴
삽화 ｜ 조경규 홍카툰
디자인 ｜ 디자인비따 한서기획 김미숙
마케팅 ｜ 주영상 정수림
관리 ｜ 양은진

발행처 ｜ 비아에듀(ViaEdu Publisher)
출판등록 ｜ 제313-2007-218호
주소 ｜ 서울시 마포구 월드컵북로6길 97 2층
전화 ｜ 02-334-6123   홈페이지 ｜ viabook.kr
전자우편 ｜ crm@viabook.kr

ⓒ 전국수학교사모임 미래수학교과서팀, 2021
ISBN 979-11-91019-14-8 64410
ISBN 979-11-91019-08-7 (전12권)